Mathematik 5/6

Diagnostizieren und Fördern

Arbeitsheft
für Schülerinnen und Schüler

Herausgegeben
von Udo Wennekers

Erarbeitet von
Claus Arndt
Carina Freytag

unter Mitarbeit der
Verlagsredaktion

Zahlen und Größen
Rechnen mit natürlichen Zahlen

Cornelsen

Wo finde ich was?

Hinweise zur Arbeit mit dem Heft 4

Zahlen und Größen

Inhaltsübersicht 6
Inhalte und Beispiele 7

Vorwissen

Ausgangsdiagnose 8
Förderangebot 10
Nachdiagnose 14

Zahlen

Ausgangsdiagnose 16
Förderangebot 18
Nachdiagnose 24

Größen

Ausgangsdiagnose 26
Förderangebot 28
Nachdiagnose 32

Etwas andere Aufgaben 34

Gesamtdiagnose 36

Mathematik 5/6

Diagnostizieren und Fördern

Lösungen

Zahlen und Größen
Rechnen mit natürlichen Zahlen

Cornelsen

Inhaltsverzeichnis

Zahlen und Größen

Vorwissen
Ausgangsdiagnose 3
Förderangebot 3
Nachdiagnose 4

Zahlen
Ausgangsdiagnose 5
Förderangebot 5
Nachdiagnose 7

Größen
Ausgangsdiagnose 8
Förderangebot 9
Nachdiagnose 10

Etwas andere Aufgaben 11

Gesamtdiagnose 11

Rechnen mit natürlichen Zahlen

Vorwissen
Ausgangsdiagnose 13
Förderangebot 13
Nachdiagnose 15

Addition und Subtraktion
Ausgangsdiagnose 15
Förderangebot 16
Nachdiagnose 18

Multiplikation und Division
Ausgangsdiagnose 18
Förderangebot 19
Nachdiagnose 22

Etwas andere Aufgaben 23

Gesamtdiagnose 23

Zahlen und Größen

Vorwissen

Ausgangsdiagnose

w	f	Bemerkungen oder Lösungswege können teilweise nur beispielhaft sein, weil es verschiedene Möglichkeiten geben kann.

8 **1**

w	f	
×		Ablesebestätigung
	×	C ist falsch abgelesen. Es ist $C = 750$
×		Ein Einteilungsstrich entspricht 5000.

2

w	f	
×		Die Figuren stehen für ungefähr.
	×	Es kann auch etwas drüber liegen.
	×	Die Figuren stehen für ungefähr.
×		Eine Figur steht für ungefähr 1000, drei somit für ungefähr 3000.

3

w	f	
	×	Die Zahl heißt 3220.
	×	3302 ist nicht möglich.
	×	Die größtmögliche ist 9900.
	×	Diese Zahl hat 4 Nullen.

9 **4**

w	f	
	×	4,3 m lange Zähne sind bei Krokodilen nicht möglich.
	×	1 kg Gold ist viel teurer als 5 €.
×		Das kann durchaus möglich sein.
	×	Es ist wohl eine Briefmarke für 55 ct gemeint. (Dieser Briefmarkenwert ist veraltet.)
	×	3 t wiegt ein Lkw, aber kein Känguru.
×		Das ist so festgelegt.
	×	So hohe Bäume gibt es nicht. Die größten Mammutbäume sind nur ca. 100 m hoch.

5

w	f	
×		Alle diese Euro-Scheine gibt es.
×		Sie heißt Milligramm.
×		Es sind 60 · 60 s, also 3600 s
×		Das ist so festgelegt.
	×	1 t = 1000 kg
	×	1 € = 100 ct
	×	g heißt Gramm und ist eine Masseeinheit.

6

w	f	
×		20 min bis 15 Uhr und 5 min länger, also 15:05 Uhr
	×	50 min Fußweg und 2 h 35 min sind 3 h 25 min, also kommt sie 18:05 Uhr zu Hause an.
×		50 min Fußweg und 2 h 35 min sind 3 h 25 min.

Förderangebot

10 **1** **a)** 14 und 24   **b)** 280 und 920   **c)** 0 und 3000   **d)** 5800 und 14 200

2 *A* **5400**   *B* **10 200**   *C* **15 000**   *D* **20 800**

3 **a)** Nein, es sind Näherungswerte, sodass für die ungefähre Anzahl ein Symbol verwendet werden kann.
b) Abensberg **10 000**   Burgenhof **25 000**   Crailsberg **15 000**   Detmünd **45 000**

4 Es können auch halbe Symbole für die Hälfte der festgelegten Einheit verwendet werden. Deshalb ist es hier sinnvoll, zu sagen: ◯ steht für **1000**.

Äpfel   Birnen   Süßkirschen   Sauerkirschen   Pflaumen

5 **a)** 4115   **b)** 2333   **c)** 2063   **d)** 2330

10 **6** 6 M 7 ZT 3 H 1 E

11 **7** **a)** 613 028   **b)** 513 028; 603 028; 612 028; 613 018; 613 027

b)

HT	ZT	T	H	Z	E
	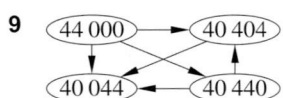				

c) 1 T und 1 H muss entfernt und auf Z und E verteilt werden: 11 309; 11 318; 11 327

8 **a)** 5   **b)** 3   **c)** 6

9

```
44 000  →  40 404
  ↓  ⤬  ↑
40 044  ←  40 440
```

10 a) 9999   **b)** 1000   **c)** 98 765   **d)** 9696

11 ① 100 kg; ② 1 g; ③ 10 kg; ④ 1 t; ⑤ 100 g; ⑥ 1 kg

12 **12**

Masse (Gewicht) — t — Geld — mm — Ct — min — h — cm — kg — km — g — € — d (Tag) — Länge — m — Zeit

13 ① 10 m; ② 1 mm; ③ 1 cm; ④ 100 m; ⑤ 10 cm; ⑥ 1 km

14 a) … um 5 **t** reduziert. …von 50 **kg** auf 25 **kg** reduziert.
b) … beträgt 42,195 **km**. … unter 2 **h**.
c) … zwischen 1 **mg** und 5 **mg**. … nicht einmal 1 **mm** groß. … bis zu 7 **cm** groß werden.
d) … etwa 2,5 **t** schwer und etwa 7 **m** lang.
e) … bei der Geburt 3450 **g** und ist 53 **cm** groß.

15 a) 8:38 Uhr   **b)** 17:15 Uhr   **c)** 7:55 Uhr   **d)** 12:33 Uhr

13 **16** z.B.: 2 h 12 min vorher war es 9 Uhr. Weitere 35 min vorher (47 − 12) war es 8:25 Uhr.

17 140 kg · 12 = 1680 kg; 4000 kg − 1680 kg = 2320 kg; 2320 kg : 8 = 290
Es können noch 290 Kupferrohre zugeladen werden.

18 a) Zehn einzelne Hefte kosten zusammen 4,90 €. Man spart 91 ct (90 + 1).
b) Günstig sind 2 Möglichkeiten:
① 2-mal Zehnerpack und 7 Einzelhefte (7,98 € + 3,43 €) für 11,41 € insgesamt
② 3-mal Zehnerpack (3 Hefte zusätzlich) für 11,97 € insgesamt
Bei Möglichkeit ① entsteht der geringste Betrag.

19 Nach der Waage links wiegen 5 Kugeln 30 g, also 1 Kugel 6 g.
Nach der Waage rechts wiegt demnach die große Kugel 9 g (15 − 6).

Nachdiagnose

14 **1**

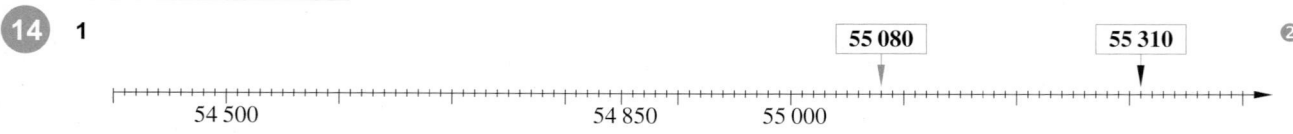

2 Wildschwein **60 kg** ❶; Fuchs **30 kg** ❶; Hirsch **140 kg** ❶; Schaf **80 kg** ❶; Hase **5 kg** ❶

14 **3 a)** 293 415 ❶ **b)** 293 406 ❶
c) 284 406 ❷ (Korr.: … Plättchen der **Zehntausender** weg und legt es zu den **Tausendern**)

4 a) 77 541; 77 514 ❷ **b)** 11 457; 11 475 ❷

15 **5 a)** cm (auch mm) ❶ **b)** km ❶ **c)** kg (auch t) ❶ **d)** h ❶

6 Elefant **8 m**; Floh **3 mm**; Meerschweinchen **35 cm**; Tiger **3 m**; Spitzmaus **4 cm**; Blauwal **35 m** ❻

7 a) Der 72 **kg** schwere Tim stieß die 5 **kg** schwere Kugel 11 **m** weit. ❸
b) Beim Sportfest war Manuela beim 100-**m**-Lauf 2 **s** langsamer als Nicola. ❷
c) Die 2 **h** und 50 **min** lange ICE-Fahrt von Frankfurt nach München kostet 75,75 €. ❸
d) Die Bergtour auf den 1338 **m** hohen Heuberg dauerte 1 **h** und 30 **min**. ❸

8 12 Monate ergeben 120 € (12 · 10). Mit allen weiteren Beträgen sind es 250 € (120 + 80 + 50). 250 € > 215 €
Das Geld reicht sehr gut. ❸

Zahlen

Ausgangsdiagnose

w	f	Bemerkungen oder Lösungswege können teilweise nur beispielhaft sein, weil es verschiedene Möglichkeiten geben kann.

16 **1**

w	f	
	×	6 Jungen und 4 Mädchen sind 10 Kinder.
	×	Es sind 16 Jungen (1 + 8 + 6 + 1) und 15 Mädchen (9 + 4 + 2).
×		16 Jungen und 15 Mädchen sind 31 Kinder.
×		4 Mädchen sind 11 Jahre und 2 Mädchen sind 12 Jahre alt, und 4 + 2 = 6.

2

w	f	
	×	Es sind 7 T 3 H 8 Z.
×		Es sind 5 HT 4 E.
	×	Es ist die Zahl 9 000 908.
	×	Es sind 6 ZM, also 60 000 015.
×		Die Stellenwerte sind richtig zugeordnet.
×		Die Zerlegung in die verschiedenen Stellenwerte ist richtig.

3

w	f	
×		Das Zahlwort ist richtig geschrieben.
	×	Die 3 steht an der Einerstelle, also siebentausendzweihundertdrei.
	×	Es sind 20 Milliarden, also 20 000 089 011.
	×	Es sind 12 Milliarden 43 Millionen 100 Tausend 752.
×		Die Zahl wurde richtig aus den Stellenwerten gebildet.

17 **4**

w	f	
×		5980 − 1 = 5979
	×	5980 + 1 = 5981
×		Jede folgende Zahl ist größer als die vorherige.

5

w	f	
×		Wenn nur die ungefähre Höhe von Interesse ist.
	×	Die Postleitzahl muss unverändert bleiben, sonst ist nicht mehr der festgelegte Ort zuzuordnen.
×		80 543 Es sind 5 Hunderter, also werden die Tausender um 1 erhöht, die Stellen rechts davon Null.
	×	289 Es müssen die Hunderter um 1 erhöht werden, also 290.

6

w	f	
×		Das ist die zweckmäßigste Methode.
×		Nach Luises Methode z.B. 4 Zeilen und 5 Spalten, ein Feld ca. 60 Blätter, also ca. 1200 Blätter
	×	Es sind wesentlich mehr als 100 Blätter.

Förderangebot

18 **1** Es sind 60 Hunde und Katzen (100 − 40).
Nach Diagramm sind es 25 Hunde, somit 35 Katzen.
In dem Tierheim werden **25** Hunde und **35** Katzen betreut.

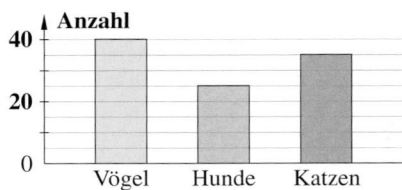

18

2

	Mo.	Di.	Mi.	Do.	Fr.
Wurst	12	**23**	**16**	19	9
Käse	8	11	**13**	14	7
gesamt	20	**34**	29	33	16

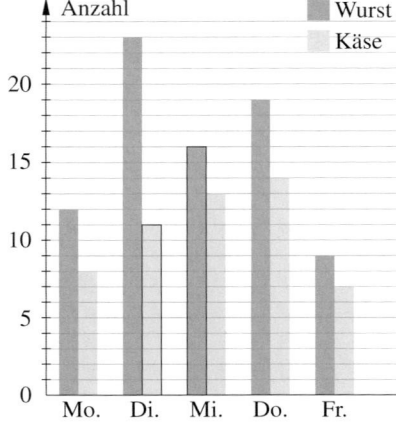

3 **a)** 51 908   **b)** 4003   **c)** 5 003 000
   d) 74 601   **e)** 30 210   **f)** 8 500 200

4 **a)** 4 HT 7 T 3 H 5 Z
   b) 2 M 4 ZT 1 H 2 Z 5 E
   c) 6 HT 4 ZT 5 T
   d) 2 ZM 6 M 3 H 3 Z 3 E

5 **a)** 560 302   **b)** 7 084 096
   c) 105 360 200   **d)** 90 034 028

19

6 **a)** $4 \cdot 100 + 3 \cdot 10 + 5 \cdot 1$ Zahl 435
   b) $7 \cdot 1000 + 5 \cdot 100 + 6 \cdot 10 + 9 \cdot 1$ Zahl 7569
   c) $5 \cdot 10\,000 + 5 \cdot 100 + 5 \cdot 10 + 5 \cdot 1$ Zahl 50 555
   d) $2 \cdot 1\,000\,000 + 3 \cdot 10\,000 + 8 \cdot 100 + 4 \cdot 10$ Zahl 2 030 840

7

	Billiarde			Billion			Milliarde			Million			Tausend						
	HBr	ZBr	Br	HB	ZB	B	HMr	ZMr	Mr	HM	ZM	M	HT	ZT	T	H	Z	E	
a)									7	0	8	0	0	0	0	1	0	4	7 080 000 104
b)					4	0	0	0	0	0	3	0	0	7	0	0	1	2	40 000 030 070 012
c)		1	2	0	2	0	0	0	0	0	0	2	0	2	0	0	0	0	12 020 000 002 020 000
d)					6	0	5	0	1	0	0	0	8	0	0	0	0	9	60 501 000 800 009
e)	7	0	1	0	6	0	0	4	0	0	0	0	0	0	9	0	0	0	701 060 040 000 009 000
f)		2	0	0	3	0	0	4	0	0	5	0	0	6	0	0	7	0	20 030 040 050 060 070

8 **a)** 5004   **b)** 51 025   **c)** 3 073 066   **d)** 84 301 006   **e)** 7 005 006 000   **f)** 6 000 012 612

9 **a)** 15 000 000 000   **b)** 7 000 000 000 000   **c)** 80 000 000   **d)** 8 000 000 000

20

10 **a)** 349   **b)** 209 000 708   **c)** 20 000 000 004 400   **d)** 83 006 000 000

11 **a)** viertausenddreihunderteins
    b) achtundsiebzig Millionen vierhunderttausendeins
    c) zweihundertzwölf Milliarden eine Million vierhundertneun
    d) eine Billion zwanzig Millionen dreitausendvier

12

Vorgänger	Zahl	Nachfolger
1998	1999	**2000**
1000	**1001**	**1002**
23 407	**23 408**	23 409
2 000 089	2 999 090	**2 000 091**
36 999	**37 000**	37 001
56 398	**56 399**	**56 400**
999 909 998	999 909 999	**999 910 000**

13 **a)** 0, 1, 2, 3, 4   **b)** 86, 87, 88   **c)** 29, 30, 31

14 **a)** >   **b)** >   **c)** <   **d)** <   **e)** <   **f)** <   **g)** >   **h)** >   **i)** <

21

15 **a)** 64 666 > 64 646 > 466 444 > 44 640   **b)** 175 450 > 157 945 > 145 057 > 104 557
    c) 2 036 000 > 2 030 060 > 2 030 006 > 2 003 060

16 **a)** 108, 127, 234, 366, 413, 549   **b)** 790, 836, 903, 947, 1098, 2405
    c) 8402, 9384, 9845, 10 408, 21 300, 23 089

Zahlen und Größen

21 **17** **a)** ☒ In den meisten alltäglichen Fällen reichen Meterangaben für die Höhe.
 b) ☐ Geburtsjahre müssen unverändert bleiben.
 c) ☐ Die Telefonnummer ist eindeutig einem Telefonanschluss zugeordnet.
 d) ☒ In den meisten alltäglichen Fällen reichen Kilometerangaben für die Entfernung.

18 **a)** ≈ 300 **b)** ≈ 17 000 **c)** ≈ 90 000 **d)** ≈ 240 000 **e)** ≈ 4 100 000 **f)** ≈ 100 000 000

19 Der Mittelpunkt ist mindestens **6350** km von uns entfernt. Er ist höchstens **6449** km von uns entfernt.

20 Berlin ≈ 3 405 000; Dresden ≈ 505 000; Hamburg ≈ 1 754 000; Köln ≈ 990 000; München ≈ 1 333 000

22 **21** Valentin hat mehrfach gerundet, erst auf Zehner dann auf Hunderter. Dadurch ist ein falsches Rundungsergebnis entstanden. 8645 ≈ 8600

22 z.B.: Die Raumhöhe ist selten höher als 3 m (einschließlich Decke). 4 · 3 m = 12 m
 Das Haus wird ungefähr 12 m hoch sein.

23 z.B.: jeder 3. Schüler kauft pro Tag eine Brezel, das sind 400 (1200 : 3).
 Man rechnet mit ca. 35 Schulwochen pro Schuljahr, also ca. 170 Unterrichtstage.
 Schätzungsweise könnten 68 000 Brezeln verkauft werden.

24 Ca. 30 Flaschen stehen auf einem Brett. Bei 7 Brettern sind das ca. 210 Flaschen (30 · 7).

25 z.B.: Unterteilung in 3 Zeilen und 4 Spalten; in einem Kästchen ca. 25 Ähren, also ca. 300 Ähren im Bild

23 **26 a)**
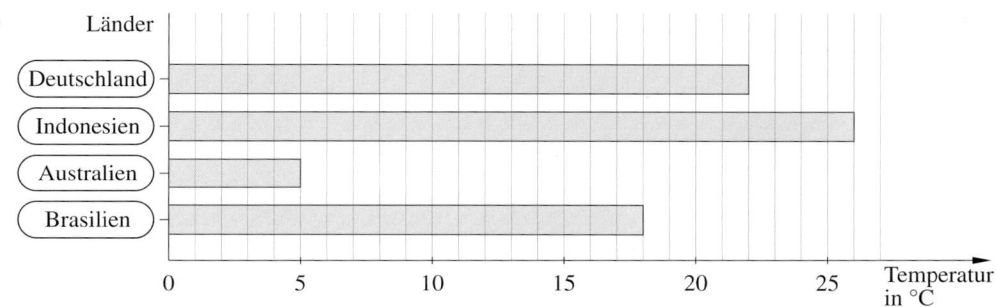

 c) 82 400 000, 245 500 000, 20 300 000, 188 100 000
 d) 82 Mio., 246 Mio., 20 Mio., 188 Mio.
 e) Deutschland – Europa; Indonesien – Asien; Australien – Australien; Brasilien – Amerika (Südamerika)

27 **a)** 5 217 104 **b)** 175 259 **c)** 1 041 752 **d)** 95 217 104 **e)** 1 041 752 **f)** 955 210 417

Nachdiagnose

24 **1** **a)** Mit dem Zug kommen **8** Kinder, mit dem Bus **14**, mit dem Auto **9** Kinder. ❸
 b) 14 + 8 + 9 = 31; 53 − 31 = 22
 16 Kinder kommen mit dem Fahrrad,
 6 Kinder zu Fuß. ❷

2 **a)** 80 446 ❶
 b) 4 M 2 HT 9 ZT 7 T 3 H 4 Z 8 E ❶
 c) kleinste 10 002; größte 30 000 ❷
 d) 98 752 210 ❶
 e) 23 860 000 ❶
 f) 13 000 und 14 000 ❷

3 **a)** 52 000 000112 100 002 ❶ **b)** 123 034 486 958 ❶
 c) fünfhundertvier Milliarden dreißig Millionen zweihunderttausendzehn ❶
 d) fünfundzwanzig Billionen zweihundertfünfzig Millionen zweihundertfünf ❶

25 **4 a)** Vorgänger 898 999 999 ❶; Nachfolger 899 000 001 ❶
b) Vorgänger 69 899 998 ❶; Nachfolger 69 900 000 ❶
c) 998, 999, 1000, 1001, 1002 ❷

5 a) ≈ 24 000 ❶ **b)** ≈ 4 100 000 ❶ **c)** ≈ 1 000 000 ❶ **d)** ≈ 64 400 000 ❶

6 alle Zahlen von 17 750 bis 17 849 ❷

7 z.B.: Sonntags fahren kaum Lkws, also schätzungsweise Verhältnis 18 Pkws : 1 Lkw;
Annahme: Lkw mit Fahrzeugabstand ist ca. 10 m lang, Pkw mit Fahrzeugabstand ist ca. 5 m lang;
18 Pkws und 1 Lkw ergeben zusammen 100 m, also sind es 9000 Pkws und 500 Lkws, also ca. 9500 Fahrzeuge
(bei einer zweispurigen Autobahn).

8 z.B.: Unterteilung in 2 Zeilen und 3 Spalten; in einem Kästchen ca. 17 Beeren, also ca. 100 Beeren im Bild

Größen

Ausgangsdiagnose

w	f	Bemerkungen oder Lösungswege können teilweise nur beispielhaft sein, weil es verschiedene Möglichkeiten geben kann.

26 **1**

w	f	
×		2 min = 120 s, also 120 s + 35 s = 135 s
×		6000 : 60 = 100, also 100 min
	×	12 h = 720 min, also 720 min + 50 min = 770 min
	×	1 h = 3600 s; 40 min = 2400 s; 3600 s + 2400 s + 17 s = 6017 s
	×	Es ist 1 h 25 min. Nach 2 h wäre es bereits 9:55 Uhr.
×		Ab 5 h 30 min wird erst aufgerundet.
	×	2 d = 2 · 24 h = 48 h; 48 h + 4 h = 52 h

2

w	f	
	×	Es sind 3 €.
×		Vor dem Komma stehen Euro, nach dem Komma Cent.
×		0 € 48 ct, also 0,48 €
	×	Es sind 808 ct.
	×	Es sind 60 € 60 ct.
×		18 € > 17 € 70 ct
×		1 € **89** ct ≈ 2 €

3

w	f	
×		300 000 : 1000 = 300, also 300 kg
×		Schrittweise wird der 1000ste Teil gebildet.
	×	Es sind 0,049 t.
×		Das Komma wird um 3 Stellen nach rechts verschoben (Umrechnungszahl 1000).
	×	Es sind 4500 g. Die Umrechnungszahl ist 1000.
	×	Es sind 3,08 kg. Das Komma wird drei Stellen von rechts gesetzt (Umrechnungszahl 1000).
	×	Es sind 2030 kg. 2000 kg + 30 kg

27 **4**

w	f	
×		Umrechnungszahl 10; 4 · 10 = 40 (Korr. im Heft: 4 cm = 40 **mm**)
×		Milli ist der 1000ste Teil, also Komma um 3 Stellen nach rechts.
	×	7 cm = 70 mm, also 70 mm + 4 mm = 74 mm
×		8 m = 800 cm und 8 dm = 80 cm, also 800 cm + 80 cm = 880 cm
×		7381,**7** dm ≈ 7382 dm
	×	18 cm ist nicht größer als 3 dm; richtig 20 mm < 18 cm < 1 dm 9 cm < 3 dm

5

w	f	
	×	145 min = 2 h 25 min, also 4 h 25 min
	×	Es sind bereits 17,25 € − 12 € = 5,25 €. richtig 4,50 €
×		896 kg = 896 000 g, also 896 554 g
×		5 m 54 cm = 554 cm
×		2,50 € + 16 € = 18,50 €
	×	1 h = 60 min, also 1 h 35 min
	×	Es sind 16 **m**.
×		25 t = 25 000 kg, also 25 000 kg : 25 000 = 1 kg

6  30 000 + 9540 = 39 540; 39 540 + 4550 = 44 090

41 100 − 39 540 = 1460

Förderangebot

28 **1 a)** 265 s **b)** 51 h **c)** 70 h **d)** 720 min **e)** 2 h **f)** 5 d **g)** 30 min
h) 45 s **i)** 6 h

2 a) 2 h 31 min **b)** 24 min **c)** 1 h 41 min **d)** 1 h 54 min

3 a) 250 ct **b)** 7004 ct **c)** 300 € **d)** 9,10 € **e)** 0,04 € **f)** 2001 ct

4 a) 7400 g **b)** 6045 kg **c)** 5004 g **d)** 5000 kg **e)** 4057 g **f)** 0,0153 t **g)** 250 g
h) 70 kg **i)** 500 g

5 0,9 t > 14 000 g > 9 kg > 1,8 kg > 1200 g > 1 kg 30 g > 0,5 kg

6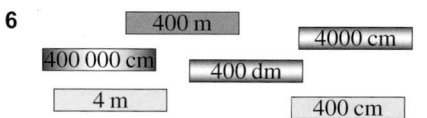

400 m   4000 cm   4 km   40 000 dm   40 dm
400 000 cm   400 dm   4000 dm   0,4 km   4000 m
4 m   400 cm   40 m   4000 mm   0,04 km   40 000 cm

7 1005 mm < 1,05 m < 1,15 m < 150 cm < 15 dm 5 cm < 10 050 mm < 15 m

29 **8 a)** 3 m 4 dm 8 cm 9 mm **b)** 50 km 70 m **c)** 4 t 378 kg
d) 134 € 7 ct **e)** 11 kg 1 g **f)** 2 t 608 kg 800 g
g) 2 km 500 m 3 dm 4 cm **h)** 62 km 90 m 3 dm 2 mm

9 a) >; 67 min > 7 min **b)** >; 4 km > 0,4276 km **c)** <; 3048 mg < 3480 mg
d) >; 409 kg > 400,9 kg **e)** =; 5,38 m = 5,38 m **f)** <; 2 h 40 min < 4 h
g) >; 7 kg > 0,789 kg **h)** =; 60,06 € = 60,06 € **i)** =; 5,5 km = 5,5 km
j) =; 4,65 € = 4,65 €

10 a) 2,25 € **b)** 22,075 km **c)** 820,067 kg **d)** 25,003 m **e)** 5,76 € **f)** 2,045 t
g) 18,89 m **h)** 50,0027 km **i)** 1,0204 t

11 a) ≈200 m **b)** ≈1995 dm **c)** ≈23 kg **d)** ≈45 € **e)** ≈22 t **f)** ≈1 km
g) ≈5 m **h)** ≈1 km **i)** ≈24 kg

12 a) 40 dm + 3 dm = 43 dm **b)** 18 000 g + 500 g = 18 500 g
c) 80 min + 80 min = 160 min = 2 h 40 min **d)** 4120 g − 2100 g = 2020 g
e) 2000 m − 740 m = 1260 m **f)** 8 h 30 min − 30 min = 8 h
g) 1050 ct − 80 ct = 970 ct **h)** 2000 mg − 120 mg = 1880 mg
i) 2350 kg + 1200 kg = 3550 kg **j)** 23 dm + 400 dm = 423 dm
k) 890 min − 80 min = 810 min = 13 h 30 min **l)** 504 ct − 186 ct = 318 ct

30 **13** Fahrt 1: Fahrzeit 7 h 45 min; Fahrt 2: Ankunft 18:25 Uhr

14

	: 100	· 10	· 1000
380 kg	**3800** g	**3,8** t	**380** t
43 m	**430** mm	**4300** dm	**43** km
490 €	**490** ct	**4900** €	**490 000** €
6,3 g	**63** mg	**63** g	**6,3** kg

15 a) 520 cm + 8 · 120 cm = 520 cm + 960 cm = 1480 cm
b) 42 dm + 80 000 dm : 20 = 42 dm + 4000 dm = 4042 dm
c) 112 ct − 50 ct = 62 ct
d) 16 000 kg : 400 = 40 kg
e) 540 m − 300 m = 240 m
f) 630 min : 18 = 35 min

16 a)

4 cm + 6 dm — 6 cm 4 mm — 192 mm : 3

3 cm + 34 mm — 64 cm

6,4 m — 4 · 16 dm

7 cm − 6 mm

b)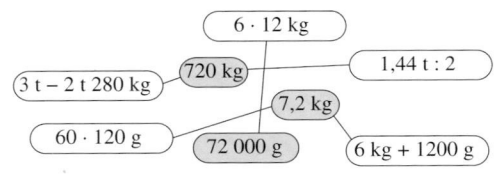

6 · 12 kg

3 t − 2 t 280 kg — 720 kg — 1,44 t : 2

7,2 kg

60 · 120 g — 72 000 g — 6 kg + 1200 g

17 5760 : 60 = 96; 96 : 24 = 4; Sie hat in 4 Tagen Geburtstag, also am 22.12. und somit vor Heiligabend.

18 1 h 48 min + 38 min = 2 h 26 min; Bis 3 h 12 min sind es 46 min. Sie war also 46 min auf der Laufstrecke.

19 a) 1 · 5 ct + 1 · 2 ct + 33 · 1 ct = 40 ct; 1 · 50 ct + 1 · 20 ct + 96 · 10 ct = 1030 ct;
40 ct + 1030 ct = 1070 ct = 10,70 €
Sie haben mindestens 10,70 € eingenommen.

b) 1 · 1 ct + 1 · 2 ct + 33 · 5 ct = 168 ct; 1 · 10 ct + 1 · 20 ct + 96 · 50 ct = 4830 ct;
168 ct + 4830 ct = 4998 ct = 49,98 €
Sie haben höchstens 49,98 € eingenommen.

c) zu a): 1 · 3920 mg + 1 · 3060 mg + 33 · 2300 mg = 82 880 mg = 82,88 g
1 · 7800 mg + 1 · 5740 mg + 96 · 4100 mg = 407 140 mg = 407,14 g;
82,88 g + 407,14 g = 490,02 g
Die Münzen haben mindestens 490,02 g gewogen.

zu b): 1 · 2300 mg + 1 · 3060 mg + 33 · 3920 mg = 134 720 mg = 134,72 g
1 · 4100 mg + 1 · 5740 mg + 96 · 7800 mg = 758 640 mg = 758,64 g;
134,72 g + 758,64 g = 893,36 g
Die Münzen haben höchstens 893,36 g gewogen.

d) viele Lösungen möglich, z.B.:
2,3 g + 3,06 g + 3,92 g + 4,1 g + 5,74 g + 7,8 g = 26,92 g; 400 : 27 ≈ 15; 26,92 g · 15 = 403,8 g
Sie könnte von jeder Sorte 15 Münzen eingenommen haben, also 1320 ct = 13,20 €.

Nachdiagnose

1 a) 540 s ❶ **b)** 10 min ❶ **c)** 4 h ❶ **d)** 6 d ❶ **e)** 30 s ❶ **f)** $3\frac{1}{2}$ h ❶

2 a) 248 min ❶ **b)** 482 s ❶ **c)** 63 h ❶

3 a) 0,78 € ❶ **b)** 808 ct ❶ **c)** 44,05 € ❶ **d)** 0,09 € ❶

4 a) 7,3 kg ❶ **b)** 4048 g ❶ **c)** 0,58 t ❶ **d)** 2006 kg ❶ **e)** 14 014 g ❶ **f)** 15 300 mg ❶

5 a) 18 cm ❶ **b)** 6030 m ❶ **c)** 1,3 km ❶ **d)** 4600 cm ❶ **e)** 13 090 mm ❶ **f)** 0,605 m ❶

6 a) ≈27 dm ❶ **b)** ≈18 m ❶

7 400 cm < 404 cm < 4 m 4 dm < 0,04 km < 40,4 m < 440 dm ❸

8 a) > ❶ **b)** > ❶ **c)** = ❶ **d)** > ❶

9 a) 20 200 g − 14 080 g = 6120 g = 6,12 kg ❶ **b)** 47 dm · 12 = 564 dm = 56,4 m ❶
c) 47 400 kg : 6 = 7900 kg = 7,9 t ❶ **d)** 8900 ct − 4835 ct = 4065 ct = 40,65 € ❶
e) 8 dm · 25 = 200 dm = 20 m ❶ **f)** 250 min : 25 = 10 min ❶

10 5 Schulstunden dauern 225 min (90 + 90 + 45). Pausen dauern insgesamt 30 min.
Die 5. Schulstunde endet nach 255 min, also nach 4 h 15 min, somit um 12:10 Uhr. ❸

11 Einnahme pro Gerät 200 € (4000 : 20)
Gesamtkosten 20 · 150 € + 400 € = 3400 €; Kosten pro Gerät 170 € (3400 : 20)
Gewinn pro Gerät 30 € (200 − 170) ❸

Etwas andere Aufgaben

34 **Potenzschreibweise**

$10^2 = 100$; $10^4 = 10\,000$; $10^5 = 100\,000$

$835\,617 = 8 \cdot 10^5 + 3 \cdot 10^4 + 5 \cdot 10^3 + 6 \cdot 10^2 + 1 \cdot 10^1 + 7 \cdot 10^0$; 9347

Entfernung der Erde zur Sonne 150 000 000 km; 150 Millionen Kilometer

größer als 4000: z.B. $5 \cdot 10^6 + 3 \cdot 10^1 + 9 \cdot 10^0 = 5\,000\,039$; $4 \cdot 10^5 + 0 \cdot 10^2 + 8 \cdot 10^1 = 400\,080$;
$\qquad\qquad\quad 4 \cdot 10^3 + 5 \cdot 10^2 + 4 \cdot 10^0 = 4504$
kleiner als 4000: z.B. $9 \cdot 10^2 + 8 \cdot 10^1 + 4 \cdot 10^0 = 984$; $3 \cdot 10^3 + 0 \cdot 10^2 + 9 \cdot 10^0 = 3009$;
$\qquad\qquad\quad 8 \cdot 10^2 + 4 \cdot 10^1 + 3 \cdot 10^0 = 843$

34 **„Zweierzahlen" melden sich zu Wort**
Der Name Dualzahl oder Zweiersystem kommt daher, weil die Zahlen nur aus Zweierpotenzen gebildet wird.
$101_{(2)}$ ergibt im Dezimalsystem $4 + 0 + 1 = 5$

im Zweiersystem zählen: $0_{(2)}$, $1_{(2)}$, $10_{(2)}$, $11_{(2)}$, $100_{(2)}$, **$101_{(2)}$**, **$110_{(2)}$**, **$111_{(2)}$**, **$1000_{(2)}$**, **$1001_{(2)}$**, **$1010_{(2)}$**, **$1011_{(2)}$**,
$1100_{(2)}$, **$1101_{(2)}$**, **$1110_{(2)}$**, **$1111_{(2)}$**, **$10000_{(2)}$**, **$10001_{(2)}$**, **$10010_{(2)}$**, **$10011_{(2)}$**, **$10100_{(2)}$**, …

1-B → 2-I → 3-N → 4-Ä → 5-R → 6-Z → 7-A → 8-H → 9-L; Lösungswort BINÄRZAHL

35 **Hilfe, die Römer kommen**
Auf dem Ziffernblatt ist die 4 nicht richtig dargestellt. Es dürfen nicht 4 Zeichen einer Sorte direkt nebeneinander verwendet werden. Dies wurde vielleicht gemacht, um eine Verwechslung mit der 6 auszuschließen.

Das Haus wurde 1828 errichtet, ist also bereits klassizistisch und nicht barock.

Angabe der Rechnung, die sich durch das umgelegte Streichholz ergibt:
a) XX + II = XXII   **b)** X + I = XI   **c)** X + I = XI

Im Jahr 800 wurde am 25.12. Karl der Große von Papst Leo dem 3. zum Kaiser gekrönt.

Im Jahr 1960 fanden die 17. Olympischen Spiele statt.

Gesamtdiagnose

36 **1 a)** 32 (Bus) + 28 (S-Bahn) = 60
  b) 25 (zu Fuß) + 36 (Fahrrad) + 60 (öffentliche Verkehrsmittel)
    zusammen 121
    Also werden 24 (145 − 121) mit dem Auto gebracht.
  c) 6 (Fahrrad), 12 (zu Fuß), 8 (Auto),
    10 (Bus oder S-Bahn), also jeweils 5
    somit 37 (zu Fuß) , 6 (Fahrrad), 32 (Auto) ,
    37 (Bus) , 36 (S-Bahn)

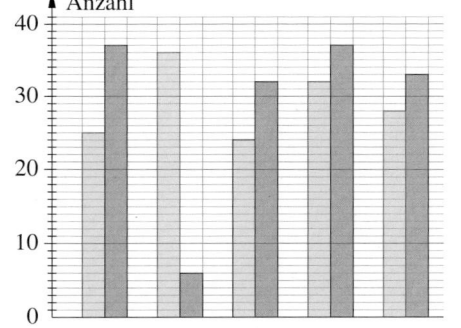

2 a) 159 000 000
  b) Es sind die 500-€-Scheine.
  c) 50 €: 4 384 000 000 ; 20 €: 2 358 000 000 ;
    5 €: 1 375 000 000
  d) 50 €: 4 384 000 000
  e) ja; Das ist beim Runden auf Milliarden der Fall.
  f) Ende September 2008 waren ungefähr **2 Milliarden** 10-Euro-Scheine im Umlauf.
    2000 Millionen sind 2 Milliarden.

37 **3 a)** zweiundachtzig Milliarden sechs Millionen fünfzigtausend   **b)** 400 000; vierhunderttausend
  c) neunhundertacht Millionen dreihundertsiebzig   **d)** 7 406 003 405   **e)** 5 000 006 007 890

4 2399, 2401 , 2424, 2426 , 20 449, 20 451 , 24 249, 24 251 , 204 501, 204 503 ,
  240 204, 240 206 , 2 053 999, 2 054 001 , 2 499 999, 2 500 001

5 $\approx 5\,772\,000$; $\approx 5\,800\,000$; $\approx 5\,772\,000$

6 Die Zahl liegt zwischen **2749** und **2850**.

7 z.B.: Unterteilung in 2 Zeilen und 4 Spalten; in einem Kästchen ca. 35 Vögel, also ca. 280 Vögel im Bild

38 **8** **a)** 4350 m ❶   **b)** 0,45 kg ❶   **c)** 36,6 t ❶   **d)** 760 € ❶   **e)** 3456 cm ❶   **f)** 34 006 kg ❶
       g) 720 s ❶   **h)** 1710 mm ❶

9 **a)** 42 030 g + 112 500 g = 154 530 g = 154,53 kg ❶   **b)** 4300 m − 3080 m = 1220 m = 1,22 km ❶
   c) 370 min − 145 min = 225 min = 3 h 45 min ❶   **d)** 240 cm : 12 = 20 cm ❶
   e) 2 h 10 min · 5 = 10 h 50 min ❶   **f)** 1200 m : 100 = 12 m ❶

10 272 cm − 255 cm = 17 cm;   Der Höhenunterschied beträgt 17 cm. ❷

11 Zeitunterschied 7 h;   bei Landung ist es in Köln 18 Uhr, also in Mexiko 11 Uhr. ❸

Rechnen mit natürlichen Zahlen

Vorwissen

Ausgangsdiagnose

	w	f	Bemerkungen oder Lösungswege können teilweise nur beispielhaft sein, weil es verschiedene Möglichkeiten geben kann.

42 **1**

w	f	
	×	Der Vorgänger von 1500 ist 1499.
	×	Die letzte Zahl 2395 ist kleiner als 10 018.
×		Beide Rundungen wurden richtig ausgeführt.
	×	Die Folge muss heißen: 12, 24, 48, 96, …
×		Der halbe Preis ist 2,10 €, also sind es zusammen 6,30 €.
	×	75 493 ist falsch gerundet, 75 000 ist auch für den Überschlag günstiger.

2

w	f	
×		Die Zahl und auch die Schreibform mit Stellenwerten sind richtig.
	×	Es kann nur 31 152 angegeben werden.
	×	Es kann nur die Zahl 33 052 sein.

3

w	f	
×		Das Ergebnis ist richtig.
×		Das Ergebnis ist richtig.
	×	Das Ergebnis muss 375 sein.
	×	Das Ergebnis muss 1190 sein.
	×	Das Ergebnis muss 29 100 sein.
×		Das Ergebnis ist richtig.

43 **4**

w	f	
	×	Das Ergebnis muss 108 sein.
×		Das Ergebnis ist richtig.
	×	Das Ergebnis muss 12 sein.
×		Das Ergebnis ist richtig.
	×	Das Ergebnis muss 72 sein. 45 : 5 = 9 und 9 · 8 = 72
×		Das Ergebnis ist richtig. 3 · 8 = 24 und 24 : 12 = 2

5

w	f	
×		4 km = 4000 m und 4000 m + 35 m = 4035 m
	×	8,090 t = 8 t 90 kg
	×	25 cm = 0,25 m
×		Die Umrechnungszahl ist 1000, also 740 000 : 1000 = 740
	×	75 min = 1 h 15 min
	×	155 min + 114 min = 269 min = 4 h 29 min

6

w	f	
	×	25 + 17 + 9 = 51; Es sind 51 €, also reicht ein 50-Euro-Schein nicht.
	×	3 · 5 + 7 · 4 + 6 · 7 = 15 + 28 + 42 = 85; 7 · 12 = 84; Es fehlt eine Pflanze.

Förderangebot

1 **a)** 0, 1, 2, 3, 4 **b)** 0, 1, 2, 3, 4, 5, 6, 7 **c)** 0, 1, 2, …, 84, 85 **d)** 235
e) 25 **f)** 58, 59, 60, 61, … **g)** 158, 159, …, 216, 217 **h)** 0, 1, 2, …, 81, 82

2 **a)** < **b)** = **c)** = **d)** < **e)** > **f)** <

3

Vorgänger	Zahl	Nachfolger
870	871	**872**
10 388	10 389	**10 390**
4118	**4119**	4120
26 378	**26 379**	**26 380**
245 999	246 000	**246 001**
699 999	700 000	**700 001**

4 **a)** 187, 158, 152, 141, 135, 129, 126, 113, 108, 98, 97, 87, 81
b) 1519, 1634, 1659, 1783, 1985, 1988, 2098, 2193, 2198, 2305, 2608

44 **5 a)** H: ≈26 300; T: ≈26 000; ZT: ≈30 000   **b)** H: ≈34 700; T: ≈35 000; ZT: ≈30 000
c) H: ≈119 600; T: ≈120 000; ZT: ≈120 000   **d)** H: ≈45 600; T: ≈46 000; ZT: ≈50 000
e) H: ≈208 500; T: ≈209 000; ZT: ≈210 000

45 **6 a)** 66**9**   **b)** **3**75   **c)** 2**3** 198   **d)** 1**9** 621   **e)** **3**49 899   **f)** 52**1** 601

7 a) □ ☒ □   **b)** ☒ □ □   **c)** □ ☒ □   **d)** □ □ ☒

8

	M	HT	ZT	T	H	Z	E	
68 103			6	8	1	0	3	681 030
241 875		2	4	1	8	7	5	2 418 750
870 631		8	7	0	6	3	1	8 706 310
1 001 001	1	0	0	1	0	0	1	10 010 010
3048				3	0	4	8	30 480
908 364		9	0	8	3	6	4	9 083 640
3 041 572	3	0	4	1	5	7	2	30 415 720
58 631			5	8	6	3	1	586 310

9 a) 750   **b)** 1250   **c)** 619   **d)** 2039   **e)** 1542   **f)** 4740

10 a) 124   **b)** 238   **c)** 1208   **d)** 29   **e)** 29   **f)** 1720   **g)** 76
h) 572   **i)** 3010

46 **11**

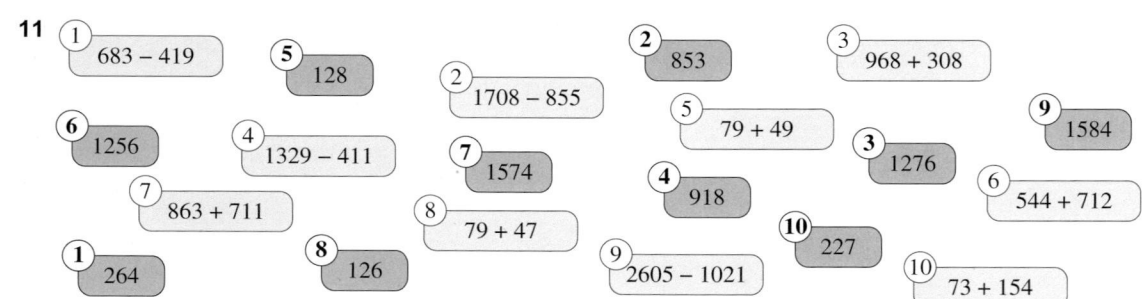

① 683 – 419   ⑤ 128   ② 1708 – 855   ② 853   ③ 968 + 308
⑥ 1256   ④ 1329 – 411   ⑦ 1574   ⑤ 79 + 49   ③ 1276   ⑨ 1584
⑦ 863 + 711   ⑧ 79 + 47   ④ 918   ⑥ 544 + 712
① 264   ⑧ 126   ⑨ 2605 – 1021   ⑩ 227   ⑩ 73 + 154

12

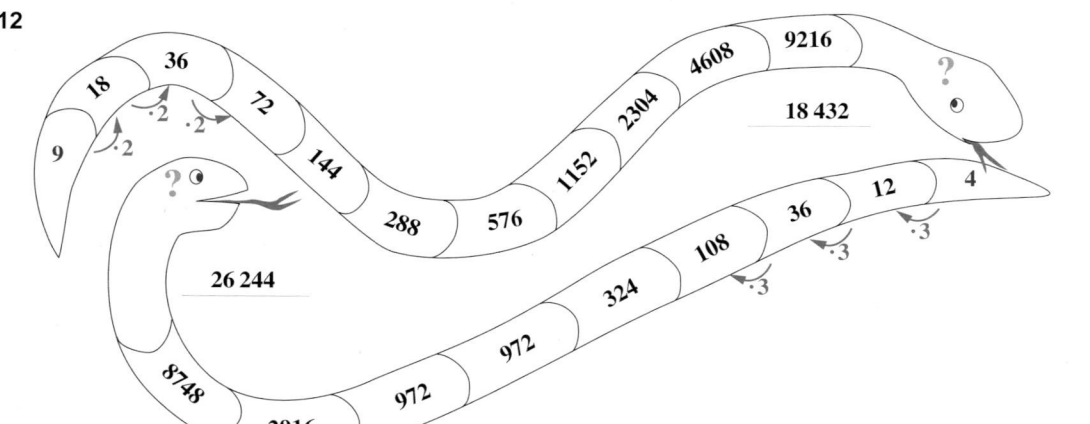

13 a)

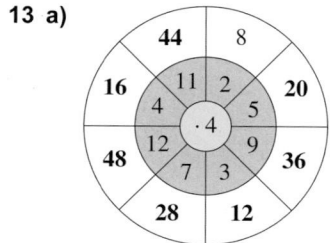

b)

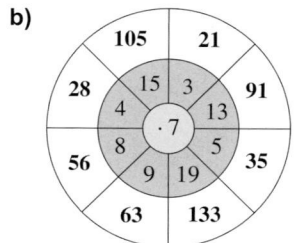

c)

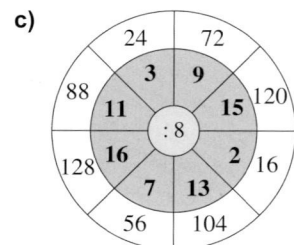

46 **13 d)**

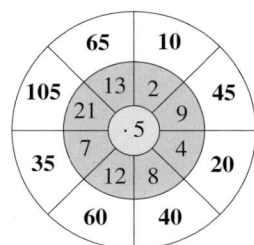

e)

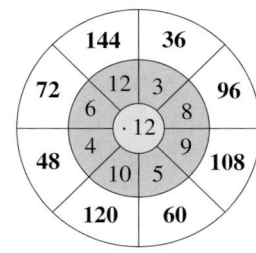

f)

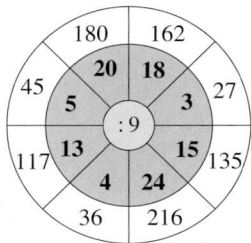

47 **14 a)** 144 **b)** 8 **c)** 147 **d)** 135 **e)** 15 **f)** 512 **g)** 415
h) 7 **i)** 220

15 a) 10,26 m **b)** 50 kg **c)** 4 h 14 min **d)** 8,907 kg **e)** 5800 mm **f)** 900 s

16 Es sind 6 Kinder und 36 Muffins (3 · 12). Jedes Kind kann 6 Muffins essen (36 : 6).

17 a) Einzelkarten: 18 € + 19,50 € = 37,50 €;
Familienkarte: 23 € + 6,50 € = 29,50 €   Die Nutzung der Familienkarte ist günstiger.
b) Einzelkarten: 21 € + 24 € = 45 €;
Familienkarte: 26 € + 8 € = 34 €   Sie sparen 11 €.
c) nach der günstigsten Variante 29,50 € + 14 € = 43,50 €

Nachdiagnose

48 **1 a)** 39 000; 678 000 ❷ **b)** 4199; 4201 ❷ **c)** 95 ct; 3,80 € ❷ **d)** ⑩ ⑦ ② ⑨ ① ⑥ ④ ⑧ ③ ⑤ ❷

2 a) z.B. 1200 ❶ **b)** z.B. 13 750 ❶ **c)** z.B. 2000 ❶ **d)** z.B. 30 000 ❶
e) z.B. 12 500 ❶ **f)** z.B. 28 000 ❶

3

	M	HT	ZT	T	H	Z	E		
45 890			4	5	8	9	0	4589	❷
4 344 300	4	3	4	4	3	0	0	434 430	❷
102 000			1	0	2	0	0	0	10 200	❷

4 a) 518 ❶ **b)** 570 ❶ **c)** 150 ❶ **d)** 255 ❶ **e)** 4216 ❶ **f)** 1204 ❶

49 **5 a)** ❸

613	
327	286
126	201	**85**

b) ❸

357	
71	286
47	24	**262**

c) ❸

1657	
896	**761**
592	**304**	457

6 a) 207 ❶ **b)** 7 ❶ **c)** 602 ❶ **d)** 98 ❶ **e)** 9 ❶ **f)** 4 ❶ **g)** 7 ❶
h) 13 ❶ **i)** 1000 ❶

7 a) 1950 cm ❶ **b)** 3208 ct ❶ **c)** 40 560 000 g ❶ **d)** 3,452 m ❶ **e)** 405 min ❶ **f)** 500 m ❶

8 5,11 € ❶ bzw. 11 ct ❶ bzw. 35,11 € ❶

Addition und Subtraktion

Ausgangsdiagnose

w	f	Bemerkungen oder Lösungswege können teilweise nur beispielhaft sein, weil es verschiedene Möglichkeiten geben kann.

50 **1**

w	f	
	×	Das Ergebnis muss 64 sein.
×		Das Ergebnis ist richtig.
	×	Das Ergebnis muss 3257 sein.
	×	Das Ergebnis muss 101 sein.
×		Summand + Summand = Wert der Summe
×		84 − 47 = 37
	×	In einer Summe gibt es keine Faktoren, sondern Summanden.

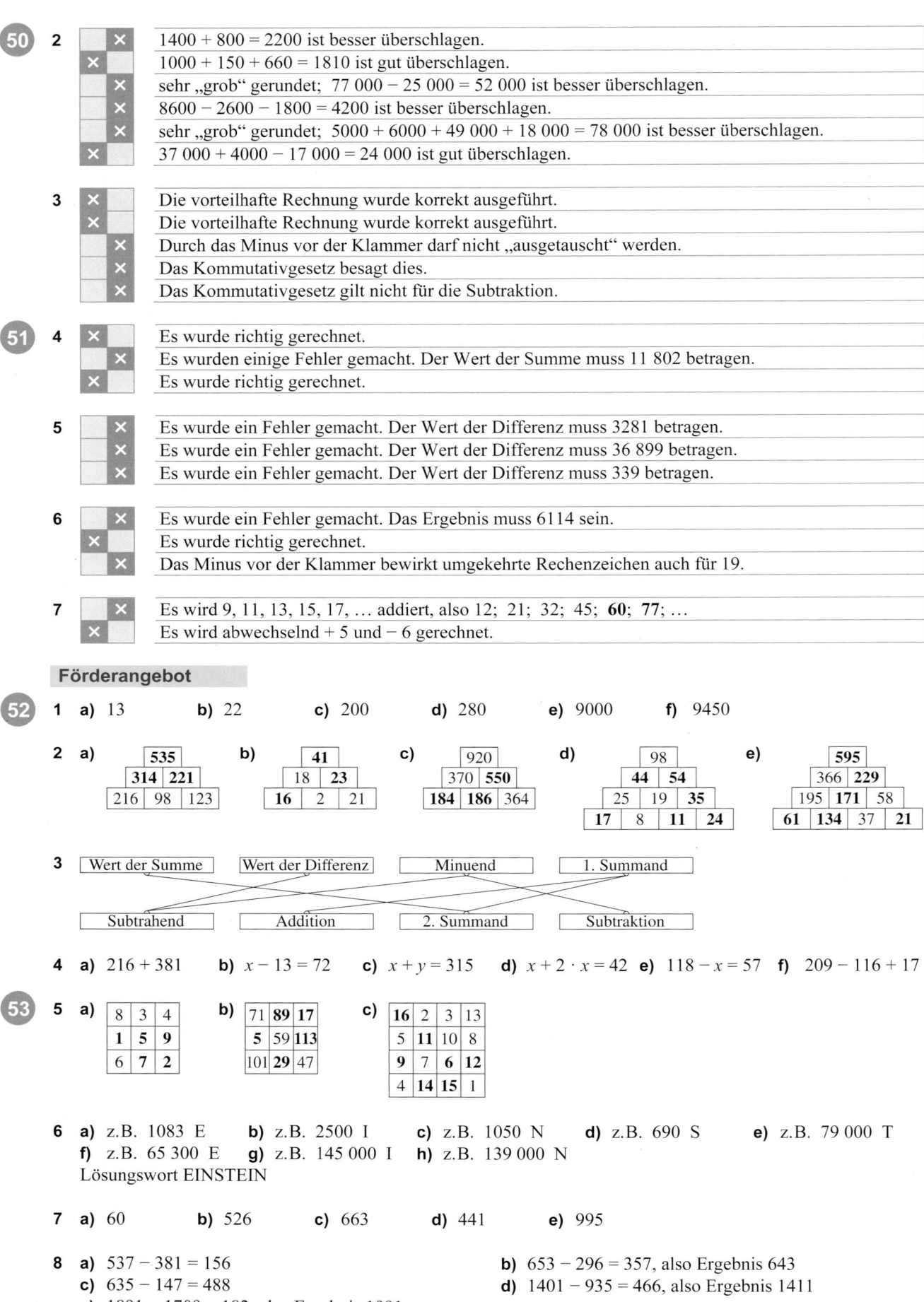

50 **2**

	×	1400 + 800 = 2200 ist besser überschlagen.
×		1000 + 150 + 660 = 1810 ist gut überschlagen.
	×	sehr „grob" gerundet; 77 000 − 25 000 = 52 000 ist besser überschlagen.
	×	8600 − 2600 − 1800 = 4200 ist besser überschlagen.
	×	sehr „grob" gerundet; 5000 + 6000 + 49 000 + 18 000 = 78 000 ist besser überschlagen.
×		37 000 + 4000 − 17 000 = 24 000 ist gut überschlagen.

3

×		Die vorteilhafte Rechnung wurde korrekt ausgeführt.
×		Die vorteilhafte Rechnung wurde korrekt ausgeführt.
	×	Durch das Minus vor der Klammer darf nicht „ausgetauscht" werden.
	×	Das Kommutativgesetz besagt dies.
	×	Das Kommutativgesetz gilt nicht für die Subtraktion.

51 **4**

×		Es wurde richtig gerechnet.
	×	Es wurden einige Fehler gemacht. Der Wert der Summe muss 11 802 betragen.
×		Es wurde richtig gerechnet.

5

	×	Es wurde ein Fehler gemacht. Der Wert der Differenz muss 3281 betragen.
	×	Es wurde ein Fehler gemacht. Der Wert der Differenz muss 36 899 betragen.
	×	Es wurde ein Fehler gemacht. Der Wert der Differenz muss 339 betragen.

6

	×	Es wurde ein Fehler gemacht. Das Ergebnis muss 6114 sein.
×		Es wurde richtig gerechnet.
	×	Das Minus vor der Klammer bewirkt umgekehrte Rechenzeichen auch für 19.

7

	×	Es wird 9, 11, 13, 15, 17, … addiert, also 12; 21; 32; 45; **60**; **77**; …
×		Es wird abwechselnd + 5 und − 6 gerechnet.

Förderangebot

52 **1** **a)** 13   **b)** 22   **c)** 200   **d)** 280   **e)** 9000   **f)** 9450

2 **a)**

535	
314	**221**

216	98	123

b)

41	
18	**23**

16	2	21

c)

920	
370	**550**

184	**186**	364

d)

98	
44	**54**

25	19	**35**

17	8	**11**	**24**

e)

595	
366	**229**

195	**171**	58

61	**134**	37	**21**

3

Wert der Summe	Wert der Differenz	Minuend	1. Summand

Subtrahend	Addition	2. Summand	Subtraktion

4 **a)** 216 + 381   **b)** $x - 13 = 72$ **c)** $x + y = 315$ **d)** $x + 2 \cdot x = 42$ **e)** $118 - x = 57$ **f)** 209 − 116 + 17

53 **5** **a)**

8	3	4
1	**5**	**9**
6	**7**	2

b)

71	**89**	**17**
5	59	**113**
101	**29**	47

c)

16	2	3	13
5	**11**	10	8
9	7	**6**	**12**
4	**14**	**15**	1

6 **a)** z.B. 1083 E   **b)** z.B. 2500 I   **c)** z.B. 1050 N   **d)** z.B. 690 S   **e)** z.B. 79 000 T
f) z.B. 65 300 E   **g)** z.B. 145 000 I   **h)** z.B. 139 000 N
Lösungswort EINSTEIN

7 **a)** 60   **b)** 526   **c)** 663   **d)** 441   **e)** 995

8 **a)** 537 − 381 = 156   **b)** 653 − 296 = 357, also Ergebnis 643
c) 635 − 147 = 488   **d)** 1401 − 935 = 466, also Ergebnis 1411
e) 1891 − 1709 = 182, also Ergebnis 1991

54 **9 a)** $258 - 88 = 170$ **b)** $150 - 96 = 54$ **c)** $532 + 82 = 614$

10 a) 1270 **b)** 11 056 **c)** 8721 **d)** 1 054 403 **e)** 1084 **f)** 8384 **g)** 89 419

11 a) 1361 **b)** 2414 **c)** 3923

12 a) $\begin{array}{r} 6375 \\ +2654 \\ \hline 9029 \end{array}$ **b)** $\begin{array}{r} 50\,739 \\ +26\,186 \\ \hline 76\,925 \end{array}$ **c)** $\begin{array}{r} 1582 \\ +467 \\ +5839 \\ \hline 7888 \end{array}$

13 a) Die Überträge wurden vergessen. richtig 11 110
b) Zweimal wurde falsch addiert bzw. der Übertrag vergessen. richtig 2307
c) Die Überträge wurden vergessen. richtig 2014
d) Die Überträge wurden vergessen. richtig 16 444

55 **14 a)** 82 440 Tsd. **b)** 22 090 Tsd. **c)** 9560 Tsd.

15 a) 111 **b)** 224 **c)** 5667 **d)** 3167 **e)** 931 **f)** 2741 **g)** 781

16 a) 439 **b)** 5802 **c)** 47 842 **d)** 142 **e)** 14 259

17 a) $\begin{array}{r} 5609 \\ -3711 \\ \hline 1898 \end{array}$ **b)** $\begin{array}{r} 17\,841 \\ -9\,562 \\ \hline 8\,279 \end{array}$ **c)** $\begin{array}{r} 23\,551 \\ -672 \\ -11\,845 \\ \hline 11\,034 \end{array}$

56 **18 a)** Die Überträge wurden vergessen. richtig 2909
b) Zweimal wurde falsch subtrahiert. richtig 21 858
c) Zweimal wurde falsch subtrahiert bzw. der Übertrag vergessen. richtig 357
d) Es wurde nur eine Subtraktion der beiden unteren Zahlen durchgeführt. richtig 2264

19 a)

	10 135		
	4970	**5165**	
	2406	**2564**	2601
435	**1971**	**543**	2008

b)

	69 311		
	54 938	**14 373**	
45 468	**9470**	4903	

20 a) $581 - 374$; Der Wert der Differenz beträgt **207**.
b) $x - 6374 = 2183$; Der Minuend beträgt **8557**.
c) $5971 - x = 3078$; Der Subtrahend beträgt **2893**.
d) Es muss nicht gerechnet werden. Der Wert der Differenz beträgt **310**.

21 $738 - 365 - 150 - 60 - 24 - 110 - 15 = 14$ Es können noch **14** Alpenveilchen verkauft werden.

57 **22** Eine Probe wird sinnvoll mit der Umkehrrechnung durchgeführt.
a) 9 803 962 **b)** 40 458 **c)** 14 950 578 **d)** 108 077 097

23 $426 + 118 + 378 + 526 + 92 + 314 + 127 + 209 + 756 = 2946$; $84634 - 2946 = 81\,688$
In der letzten Woche wurden insgesamt 2946 km gefahren.
Vor einer Woche hatte der Kilometerzähler den Stand 81 688.

24 a) 6313 **b)** 2586 **c)** 7627 **d)** 1922

25 36 Affen; 51 Antilopen $(36 + 15)$; 12 Löwen $(36 : 3)$; 19 Kängurus $(12 + 7)$

58 **26** $4671 + 621 + 855 + 1328 - 212 - 708 - 731 = 5824$; $5824 > 5800$
Der Einlass muss gestoppt werden.

27 a) $20\,175 + 1135 + 485 + 594 = 22\,389$ Das Auto würde dann 22 389 € kosten.
b) $20\,175 + 1135 + 1230 + 594 = 23\,134$; $23\,134 - 22780 = 354$; Die Familie würde 354 € sparen.

28 a) 27; 32; 37; 42; 47; …   **b)** 53; 66; 81; 98; 117; …   **c)** 816; 892; 968; 1044; 1120; …
d) 27; 21; 29; 23; 31; …   **e)** 66; 130; 258; 514; 1026; …   **f)** 83; 68; 78; 63; 73; …

29 $(100 + 1) + (99 + 2) + (98 + 97) + … + (52 + 49) + (51 + 50) = 101 \cdot 50 = 5050$
$(50 + 1) + (49 + 2) + (48 + 47) + … + (27 + 24) + (26 + 25) = 51 \cdot 25 = 1275$

30 links z.B.:

	51	67	81		rechts:	9457	9567
	+ 368	+ 482	+ 246			+ 1085	+ 1085
	439	549	327			10542	10652

31 a) Da der Geschäftsmann sicher wochentags fährt, ist die Verbindung ab 6:23 Uhr geeignet und am kürzesten.
Von 6:23 Uhr bis 11:55 Uhr beträgt die Fahrzeit dann 5 h 32 min.
b) Von 8:06 Uhr bis 13:55 Uhr wäre er 5 h 49 min unterwegs.

32

① 4	② 3	7	5		③ 3	④ 2	4	8
⑤ 1	6	6		⑥ 3		⑦ 4	5	
8	8		⑧ 5	4	8	9		⑨ 3
	⑩ 4	3	9	1		⑪ 5	2	6
⑫ 1		⑬ 2	3	6	1	2		0
⑭ 7	0	8	1	5		⑮ 1	8	6

Nachdiagnose

1 a) 1077 ❶   **b)** 228 ❶   **c)** Subtrahend ❶   **d)** Subtraktion ❶

2 a) z.B. 1200 ❶   **b)** z.B. 53 000 ❶   **c)** z.B. 131 000 ❶   **d)** z.B. 28 000 ❶

3 a) Kommutativgesetz ❶   **b)** $(325 + 475) + (83 + 257) + (144 + 176) = 800 + 340 + 320 = 1460$ ❷
c) $231 + 19 - \mathbf{46} = \mathbf{204}$ ❷

4 a) 105 004 ❶   **b)** 91 086 ❷

5 a) 155 249 ❶   **b)** 5196 ❷

6 $46\ 128 - 27\ 819 - 344 = 17\ 965$ 17 965 Antworten waren falsch. ❷

7 $2941{,}05 + 1575 + 327{,}85 = 4843{,}90$; $229 + 229 + 720 + 475 = 1653$; $4843{,}90 - 1653 = 3190{,}90$
Vor einem Jahr waren 3190,90 € in der Kasse. ❸

8 a) 86; 101; 118; 137; 158; … ❷   **b)** 129; 120; 130; 119; 131; … ❺

Multiplikation und Division

Vorwissen

Ausgangsdiagnose

w	f	Bemerkungen oder Lösungswege können teilweise nur beispielhaft sein, weil es verschiedene Möglichkeiten geben kann.

1

	×	Das Ergebnis muss 135 sein.
	×	Das Ergebnis muss 38 sein.
×		Das Produkt der Zahlen ergibt 126.
	×	Der Wert des Quotienten beträgt 18.
	×	Es ist ein Produkt und kein Quotient.

2

	×	$200 \cdot 50 = 10\ 000$
×		$800 \cdot 60 = 48\ 000$
	×	sehr „grob" gerundet; $6400 : 80 = 80$ ist besser überschlagen.

Rechnen mit natürlichen Zahlen

62 **3**

| | ☒ | Es wurden Fehler gemacht. Der Wert des Produktes muss 15 950 betragen. |
| ☒ | | Es wurde richtig gerechnet. |

4

| | ☒ | Die letzte Teildivision ist falsch. Der Wert des Quotienten muss 1458 betragen. |
| | ☒ | Die erste Teildivision ist falsch. Der Wert des Quotienten muss 631 betragen. |

63 **5**

☒		Die vorteilhafte Rechnung wurde korrekt ausgeführt.
	☒	Die Klammern dürfen nicht vertauscht werden.
☒		Die vorteilhafte Rechnung wurde korrekt ausgeführt.
☒		Bei richtiger Anwendung ist das möglich.

6

| ☒ | | Es wurde richtig gerechnet. |
| | ☒ | $37 \cdot 4 = 148$, also muss das Endergebnis 63 betragen. |

7

☒		Es wurde richtig gerechnet.
☒		Es wurde richtig gerechnet.
	☒	Punktrechnung vor Strichrechnung: $148 + 8 = 156$

8

| | ☒ | 245 ist falsch: 243 und damit 729 |
| ☒ | | Es wurde nacheinander $\cdot 1$, $\cdot 2$, $\cdot 3$, $\cdot 4$, $\cdot 5$, $\cdot 6$, … gerechnet. |

Förderangebot

64 **1**

| Multiplikation | Division | Divisor | 2. Faktor |

| Wert des Quotienten | Wert des Produktes | 1. Faktor | Dividend |

2 **a)** 100 **b)** 104 **c)** 180 **d)** 2156 **e)** 17 **f)** 46 **g)** 12 **h)** 16

3 **a)** nein **b)** nein **c)** ja **d)** ja **e)** nein **f)** ja **g)** ja **h)** nein

4 Bestätigung mit selbst gewählten Beispielen

5 **a)** $2 \cdot 2 \cdot 3 \cdot 5 \cdot 5$ **b)** $2 \cdot 2 \cdot 2 \cdot 3 \cdot 3 \cdot 3 \cdot 3$ **c)** $2 \cdot 3 \cdot 5 \cdot 29$ **d)** $3 \cdot 7 \cdot 13$ **e)** $2 \cdot 2 \cdot 2 \cdot 83$ **f)** $2 \cdot 2 \cdot 2 \cdot 5 \cdot 71$

65 **6**

·	4	9	12	16	25
3	12	27	36	48	75
9	36	81	108	144	225
5	20	45	60	80	125
7	28	63	84	112	175
13	52	117	156	208	325

7 **a)** $9 \cdot 18$ **b)** $147 : x = 21$ **c)** $(389 - 283) \cdot 5$ **d)** $2 \cdot x \cdot x = 72$ **e)** $48 : x = 12$ **f)** $x \cdot y = 105$

8 **a)** falsch **b)** richtig **c)** falsch **d)** richtig

9 **a)** z.B. 3300 **b)** z.B. 11 600 **c)** z.B. 125 000 **d)** z.B. 850 000 **e)** z.B. 800 **f)** z.B. 70
g) z.B. 300 **h)** z.B. 7400

10 **a)** richtig **b)** 18 000 **c)** 1 700 000 **d)** richtig **e)** 120 **f)** 140 **g)** richtig **h)** 180

66 **11** **a)**

2	6	9	·	8	6
	2	1	5	2	
		1	6	1	4
	2	3	1	3	4

b)

4	9	6	1	·	5	2
		2	4	8	0	5
			9	9	2	2
	2	5	7	9	7	2

c)

5	8	4	·	7	0	3
	4	0	8	8	0	
		1	7	5	2	
	4	1	0	5	5	2

d)

3	7	5	·	4	9	6
	1	5	0	0		
		3	3	7	5	
			2	2	5	0
	1	8	6	0	0	0

11 e)

9	8	7	·	6	5	4
		5	9	2	2	
			4	9	3	5
			3	9	4	8
	6	4	5	4	9	8

f)

1	5	6	9	·	1	5	7
			1	5	6	9	
				7	8	4	5
			1	0	9	8	3
	2	4	6	3	3	3	

g)

8	6	0	4	·	1	9	7
			8	6	0	4	
		7	7	4	3	6	
			6	0	2	2	8
1	6	9	4	9	8	8	

h)

7	6	2	8	·	5	0	4
	3	8	1	4	0	0	
				3	0	5	1	2
	3	8	4	4	5	1	2

Lösungswort: VORNEWEG

12 a)

	104 652	
306		342
17	18	19

b)

	7938	
63		126
7	9	14

c)

		1 327 104	
	768		1728
16	48		36
4	4	12	3

13 a) Eine 2 wurde vergessen, mit aufzuschreiben.
   b) Die Null der Zehnerstelle wurde nicht berücksichtigt.
   c) Die Zwischenergebnisse wurden nicht stellengerecht übereinander geschrieben.
   d) Es wurden verschiedene Rechenfehler gemacht.

5	8	1	·	9	
5	2	2	9		
8	3	0	·	2	6
	1	6	6	0	
		4	9	8	0
	2	1	5	8	0

3	8	6	·	2	0	3
		7	7	2	0	
			1	1	5	8
		7	8	3	5	8
7	8	1	·	4	5	
	3	1	2	4		
		3	9	0	5	
	3	5	1	4	5	

14 a)

9	5	4	·	3	**7**
	2	8	6	**2**	
		6	**7**	7	8
3	5	**2**	9	8	

b)

5	2	7	·	**8**	3
4	2	1	6		
	1	5	**8**	1	
4	3	**7**	4	1	

c)

2	3	9	6	·	**5**	0	**9**
1	1	9	8	0	0		
		2	1	5	6	4	
1	**2**	1	9	5	**6**	4	

15 a) Ü.: z.B. 90 · 7 = 630;   609
   c) Ü.: z.B. 900 · 30 = 27 000;   28 512

   b) Ü.: z.B. 30 · 700 = 21 000;   21 344
   d) Ü.: z.B. 3000 · 90 = 270 000;   284 577

16 Ergebnisse nacheinander: 1; 121; 12 321; 1 234 321
   Ergebnis 12 345 654 321
   Es geht nur bis zu neunstelligen Faktoren. 111 111 111 · 111 111 111 = 12 345 678 987 654 321

17 a) 5 · 5 = 25
   d) 4 · 4 · 4 · 4 = 256
   g) 11 · 11 · 11 = 1331
   j) 10 · 10 · 10 · 10 · 10 · 10 · 10 = 10 000 000

   b) 3 · 3 · 3 = 27
   e) 2 · 2 · 2 · 2 · 2 · 2 · 2 · 2 = 256
   h) 15 · 15 · 15 · 15 = 50 625

   c) 9 · 9 · 9 = 729
   f) 6 · 6 · 6 · 6 · 6 = 7776
   i) 10 · 10 · 10 · 10 · 10 = 100 000

18 2595 · 29 = 75 255   In der Klasse 5a kamen 752,55 € zusammen.
   2595 · 32 = 83 040   In der Klasse 5b kamen 830,40 € zusammen.

19 Es sind 20 Flaschen im Kasten teurer als 20 Einzelflaschen. Diese kosten 9 €.

20 a)
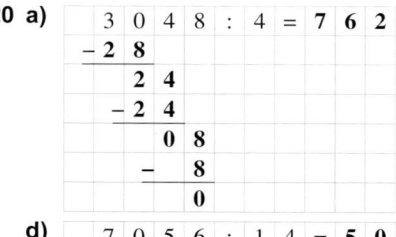
```
3 0 4 8 : 4 = 7 6 2
-2 8
  2 4
- 2 4
    0 8
  -   8
      0
```

b)
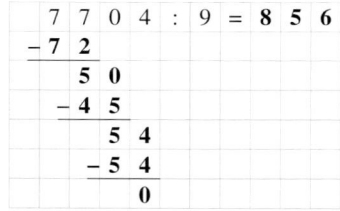
```
7 7 0 4 : 9 = 8 5 6
- 7 2
    5 0
  - 4 5
      5 4
    - 5 4
        0
```

c)
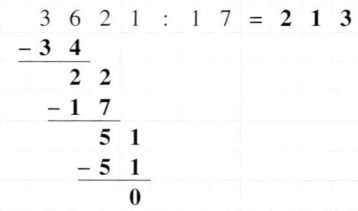
```
3 6 2 1 : 1 7 = 2 1 3
- 3 4
    2 2
  - 1 7
      5 1
    - 5 1
        0
```

d)
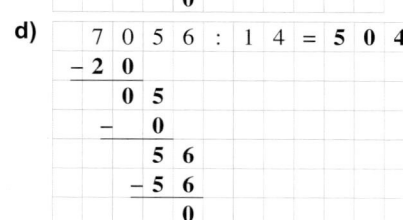
```
7 0 5 6 : 1 4 = 5 0 4
- 2 0
    0 5
  -   0
      5 6
    - 5 6
        0
```

68 **21 a)**

```
  5 1 9 1 2 : 8 = 6 4 8 9
- 4 8
    3 9
  - 3 2
      7 1
    - 6 4
        7 2
      - 7 2
          0
```

b)

```
  3 6 2 7 : 1 3 = 2 7 9
- 2 6
  1 0 2
  - 9 1
    1 1 7
  - 1 1 7
        0
```

c)

```
  9 2 8 8 : 2 4 = 3 8 7
- 7 2
    2 0 8
  - 1 9 2
      1 6 8
    - 1 6 8
          0
```

d)

```
  6 5 3 9 0 : 1 0 2 = 6 4 5
- 6 1 2
    4 5 9
  - 4 0 8
      5 1 0
    - 5 1 0
          0
```

69 **22** 18 872 : 28 = 624   Jedes Kind hat 6,24 € zu zahlen.

23 136 488 : 2 = 68 244;   68 244 : 12 = 5687
Der Sohn erhält 68 244 €. Die anderen Familienangehörigen erhalten jeweils 5687 €.

24 a) $25 \cdot 4 \cdot 7 = 100 \cdot 7 = 700$
b) $2 \cdot 5 \cdot 7 \cdot 9 = 10 \cdot 63 = 630$
c) z.B. $5 \cdot 5 \cdot 4 \cdot 4 \cdot 5 = 100 \cdot 20 = 2000$
d) z.B. $3 \cdot 15 \cdot 2 \cdot 50 = 45 \cdot 100 = 4500$
e) $8 \cdot 125 \cdot 64 = 1000 \cdot 64 = 64\,000$
f) $15 \cdot 4 \cdot 8 = 60 \cdot 8 = 480$
g) $4 \cdot 25 \cdot 9 \cdot 11 = 100 \cdot 99 = 9900$

25 a) $18 \cdot (63 + 37) = 18 \cdot 100 = 1800$
b) $(108 + 42) \cdot 9 = 150 \cdot 9 = 1350$
c) $(9 + 1) \cdot 28 = 10 \cdot 28 = 280$
d) $11 \cdot (28 - 13) = 11 \cdot 15 = 165$
e) $(31 - 1) \cdot 60 = 30 \cdot 60 = 1800$
f) $16 \cdot (3 + 38 - 36) = 16 \cdot 5 = 80$
g) z.B. $6 \cdot (23 - 15) - 72 : 12 = 6 \cdot 8 - 6 = 42$

70 **26 a)**

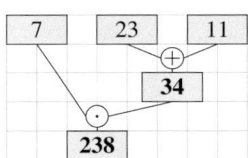

$7 \cdot (23 + 11) = 7 \cdot 34 = 238$

b)

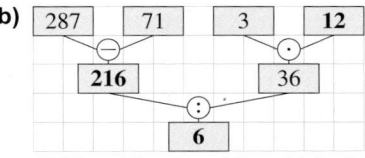

$(287 - 71) : (2 \cdot 12) = 216 : 36 = 6$

c)

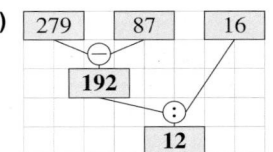

$(279 - 87) : 16 = 192 : 16 = 12$

27 a) $9 \cdot 13 \cdot 5 + 560 : 16 = \mathbf{585} + 35 = \mathbf{620}$
b) $(26 + 58) \cdot 12 - 508 = 84 \cdot 12 - 508 = \mathbf{1008} - 508 = \mathbf{500}$

28 a)

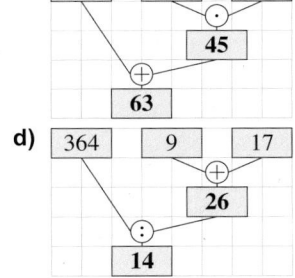

b) **c)**

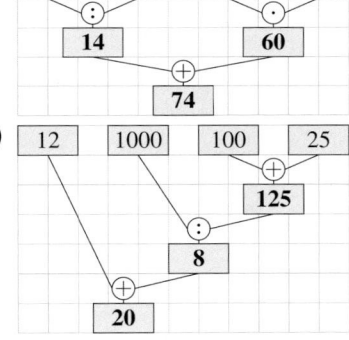

d) **e)** **f)**

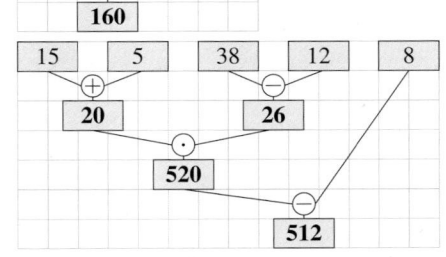

71 **29 a)** 66   **b)** 0   **c)** 111   **d)** 52   **e)** 20   **f)** 20   **g)** 320   **h)** 139

30 a) $28 + 48 - 27 = 49$
b) $58 + 255 = 313$
c) $9656 : 34 = 284$
d) $(1329 + 630) \cdot 4 = 1959 \cdot 4 = 7836$
e) $43 + 23 - 26 = 40$
f) $404 : 4 + 2000 = 2101$
g) $56 \cdot 14 + 14 = 57 \cdot 14 = 798$

31

(8·5)·36

17·8·5

36·18 − 12·36

5·16 − 6·5

5·(29 − 19)

17·13

5·29·19

5·17·8

6·36

36·(18 − 12)

17·(8 − 5)

(36·8)·5

5·29 − 13

(17·5)·8

---

32 a) $(36 + 12) \cdot (9 + 24) = 48 \cdot 33 = 1584$ **b)** $67 \cdot 352 + 10\,234 : 14 = 23\,584 + 731 = 24\,315$
  c) $4 \cdot (123 + 456) - 1092 : 13 = 2316 - 84 = 2232$ **d)** $(7174 - 2683) \cdot (6086 : 17) = 4491 \cdot 358 = 1\,607\,778$

33 Der Monat sollte mit 30 Tagen gerechnet werden.
  $4 \cdot 5 \cdot 5 + 3 \cdot 24 + 4 \cdot 9 = 100 + 72 + 36 = 208;$ sinnvoll auf 210 aufrunden
  Franziska fährt im Monat ca. 210 km mit dem Fahrrad. Im Jahr sind das ca. 2500 km ($210 \cdot 12 \approx 2500$)

34 a) 1280; 5129; 20 480; 81 920; 327 680; …   **b)** 192; 960; 5760; 40 320; 322 560; …
  c) 2187; 729; 243; 81; 27; …   **d)** 52; 208; 104; 416; 208; …
  e) 5; 25; 6; 36; 7; …   **f)** 3072; 30 720; 368 640; 5 160 960; 82 575 360; …

35 $6 \cdot 15 + 5 \cdot 8 + 8 \cdot 13 + 2 \cdot 75 + 3 \cdot 38 = 90 + 40 + 104 + 150 + 114 = 498;$ 498 ct = 4,98 €
  Das Geld reicht.

36 a) $5 \cdot (6 + 8 + 3) = 5 \cdot 17 = 85$ **b)** $72 : (8 - 6) + 15 = 51$
  c) $9 \cdot 4 \cdot (7 + 6) = 36 \cdot 13 = 468$

37 $(14 + 13) \cdot 3 + 14 = 95$ Es stehen insgesamt 95 € zur Verfügung.

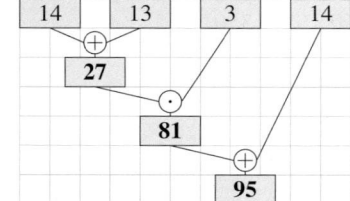

38

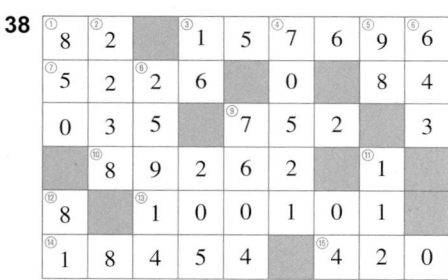

Nachdiagnose

1 a) 162 ❶   **b)** 2432 ❶   **c)** Division durch ❶   **d)** Dividend durch Divisor ❷

2 a) $2 \cdot 3 \cdot 5 \cdot 5$ ❷   **b)** $2 \cdot 7 \cdot 17$ ❷

3 a) z.B. $300 \cdot 70 = 21\,000$ ❶   **b)** $5600 : 80 = 70$ ❶   **c)** $6300 : 70 = 90$ ❶

4 a) 54 426 ❶   **b)** 129 124 233 ❶

5 a) 518 ❶   **b)** 548 ❶

6 a) z.B. $4 \cdot 1000 = 4000$ ❷   **b)** $29 \cdot (46 + 54) = 2900$ ❷   **c)** z.B. $17 \cdot (43 - 16 - 7) = 340$ ❷

75 **7**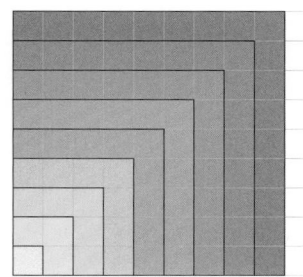

8 $2424 - 39 \cdot 4 \cdot 14 = 2424 - 2184 = 240$; $240 : 16 = 15$
Frau Eike hat 15 Überstunden geleistet. ❹

9 **a)** 128; 512; 2048; ... ❸   **b)** 192; 96; 384; ... ❸

Etwas andere Aufgaben

76 **Kopfakrobatik mit Quadratzahlen**
z.B.: Quadratzahlen sind Werte von Potenzen mit dem Exponenten 2. Es sind Zahlen, die als Wert des Produktes einer natürlichen Zahl mit sich selbst entsteht.

Quadrat mit 4 Kästchen Seitenlänge ergibt sich aus Quadrat mit 3 Kästchen Seitenlänge, 2 Rechtecken mit je 3 Kästchen Länge und 1 Kästchen Breite sowie einem Einzel-Kästchenquadrat.

Das Quadrat einer natürlichen Zahl ist gleich dem Produkt der Vorgängers und Nachfolgers plus 1.

① $27^2 = 24 \cdot 30 + 9 = 720 + 9 = 729$ ② $38^2 = 36 \cdot 40 + 4 = 1440 + 4 = 1444$
③ $43^2 = 46 \cdot 40 + 9 = 1840 + 9 = 1849$ ④ $74^2 = 78 \cdot 70 + 16 = 5460 + 16 = 5476$
⑤ $86^2 = 82 \cdot 90 + 16 = 7380 + 16 = 7396$ ⑥ $92^2 = 94 \cdot 90 + 4 = 8460 + 4 = 8464$

z.B.: Multipliziere die Ziffern der benachbarten vollen Zehner und hänge 25 an.

77 **Turbomultiplikation mit 11**
z.B.: Die Zwischenergebnisse bei der schriftlichen Multiplikation sind genauso angeordnet.

① $41 \cdot 11 = \mathbf{451}$ ② $54 \cdot 11 = \mathbf{594}$ ③ $68 \cdot 11 = \mathbf{748}$ ④ $99 \cdot 11 = \mathbf{1089}$

Rechenmagier
① 198   **3996**   ② 637   **3552**   ③ 932   **3108**   ④ 454   **2886**

Erbsenzähler
$(2 \cdot x + 3) \cdot 5 - 6 = 10 \cdot x + 15 - 6 = 10 \cdot x + 9$
Es kommt das Zehnfache der Anzahl plus 9 heraus. Wurde z.B. 349 genannt, war die Anzahl 34.

Gesamtdiagnose

78 **1** **a)** 127 ❶   **b)** 425 ❶   **c)** 760 ❶   **d)** 206 ❶   **e)** 6120 ❶   **f)** 243 ❶

2 ❼

4	**9**	5	16
14	7	11	2
15	6	**10**	3
1	**12**	8	**13**

3 **a)** wahr ☐ falsch ☒ ❶   **b)** wahr ☒ falsch ☐ ❶   **c)** wahr ☒ falsch ☐ ❶
     d) wahr ☐ falsch ☒ ❶   **e)** wahr ☒ falsch ☐ ❶   **f)** wahr ☐ falsch ☒ ❶

4 **a)** z.B. $1460 + 390 = 1850$ ❶   **b)** z.B. $25\,000 - 17\,000 = 8000$ ❶   **c)** z.B. $240 \cdot 30 = 7200$ ❶
     d) z.B. $5800 : 10 = 580$ ❶   **e)** z.B. $250 + 25 \cdot 40 = 1250$ ❶   **f)** z.B. $820 + 760 : 20 = 858$ ❶
     g) z.B. $630 \cdot 20 + 17 = 12\,617$ ❶   **h)** z.B. $400 : 20 - 5 = 15$ ❶

5 **a)** 106 226 ❶ **b)** 54 689 ❶ **c)** 42 026 138 ❶ **d)** 854 ❶

6 **a)**

1056	❸

267	789

143	124	665

b)

1944	❸

108	18

12	9	2

7 $8544 : 24 \cdot (617 - 349)$ ❷; $356 \cdot 268 = 95408$ ❸

8 **a)** 1024; 512; 256; 128; … ❷ **b)** 242; 338; 530; 914; … ❷ **c)** 360; 2160; 15 120; 120 960 ❷

9 **a)** Ferienwohnung Schönblick: 26,50 € pro Tag, also 159 € ❷
Haus Waldesruh: 145 € + 20 € = 165 € ❷
Huberhof: 2 · 77,50 € = 155 € ❷   Am preiswertesten ist der Huberhof. ❶
b) (1456 − 774) + (1384 − 1162) + (1033 − 915) = 1022 ❹
Sie müssen insgesamt 1022 m aufsteigen. ❶

Rechnen mit natürlichen Zahlen

Inhaltsübersicht.. 40
Inhalte und Beispiele 41

Vorwissen

Ausgangsdiagnose 42
Förderangebot 44
Nachdiagnose.. 48

Addition und Subtraktion

Ausgangsdiagnose 50
Förderangebot 52
Nachdiagnose.. 60

Multiplikation und Division

Ausgangsdiagnose 62
Förderangebot 64
Nachdiagnose.. 74

Etwas andere Aufgaben 76

Gesamtdiagnose 78

Hinweise zur Arbeit mit dem Heft

Liebe Schülerin, lieber Schüler,

mit diesem Heft soll dir die Möglichkeit gegeben werden, dein Wissen und deine Kompetenzen in den Themenbereichen *Zahlen und Größen* sowie *Rechnen mit natürlichen Zahlen* selbstständig zu diagnostizieren und gezielt zu verbessern.

Am Anfang jedes Themas steht ein Grundwissenbereich. Mit dessen Hilfe kannst du das nötige Grundwissen prüfen und ausgleichen.

Zur schrittweisen Sicherung deiner Fertigkeiten und Fähigkeiten sind die Themenbereiche in kleinere „Untereinheiten" gegliedert.

Jedes Unterthema enthält eine Ausgangsdiagnose, einen Förderabschnitt und eine Nachdiagnose zur Prüfung deines Lernfortschritts.

Am Ende des Themenbereiches ist schließlich eine Gesamtdiagnose zu absolvieren, bei deren Auswertung du deinen Leistungsstand für das gesamte Themengebiet überprüfen kannst.

Inhaltsübersicht

In der Inhaltsübersicht kannst du einen schnellen Überblick über die wichtigen Begriffe und ihre inhaltlichen Beziehungen erhalten. Du solltest darin zunächst markieren, was du bisher im Unterricht behandelt hast. Dann solltest du eigene Ergänzungen vornehmen, wie zum Beispiel Formeln, die du für wichtig hältst oder Einzelthemen, die nicht in der Übersicht zu finden sind, die aber im Unterricht innerhalb des Themenbereichs behandelt wurden.

Inhalte und Beispiele

Dieser Abschnitt enthält in kurzer Form die wichtigsten Inhalte des jeweiligen Themenbereiches mit ausgewählten Beispielen.

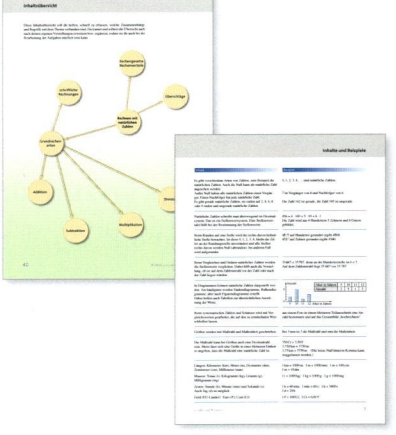

Ausgangsdiagnose und Förderangebot

Dieser Diagnosebogen ist so aufgebaut, dass nur angekreuzt werden muss, ob eine Aussage wahr bzw. falsch ist. Du solltest bei jeder Aufgabe auch möglichst kurz, aber präzise aufschreiben, warum du dich entsprechend entschieden hast.

Vergleiche den ausgefüllten Diagnosebogen mit den Angaben im Lösungsheft.

Hast du alle Aufgaben richtig gelöst und fühlst dich sicher in dem Themenbereich, kannst du an die Lösung der komplexen Aufgaben aus dem anschließenden Förderaufgabenbereich herangehen.

Hast du bei Aufgaben Fehler gemacht, findest du auf dem Arbeitsblatt jeweils einen Verweis, welche Aufgaben aus dem Förderangebot dir helfen können, um diese Fehler künftig zu vermeiden. Markiere zur Kontrolle auf dem Diagnosebogen, wenn du zugehörige Aufgaben aus dem Förderangebot bearbeitet hast.

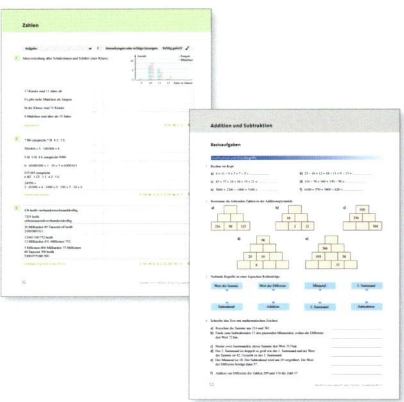

Ist das Symbol abgedruckt, findest du weiteres Übungsmaterial im Onlineangebot des Cornelsen Verlages.

Gib dazu im Web-Browser **www.cornelsen.de/mathematik-diagnosehefte** ein.

Trage dann in die entsprechenden Felder die Buchkennung **MDF004361** und den auf der Seite neben dem Symbol angegebenen Mediencode (z. B. 008-1) ein.

Du solltest in jedem Fall auch komplexe Aufgaben lösen.

Nachdiagnose und Gesamtdiagnose

Am Ende jedes Unterkapitels steht die Nachdiagnose. Mit ihrer Hilfe kannst du die Fortschritte überprüfen, die du durch die Förderaufgaben erzielt hast. Die gleiche Funktion hat auch die Gesamtdiagnose, mit der das Thema abgeschlossen wird. Eine Kontrolle mithilfe des Lösungsheftes zeigt dir, wo du noch Fehler gemacht hast und welche Aspekte du besser noch üben solltest.

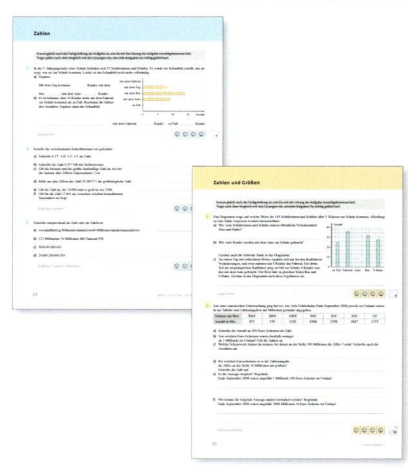

Für den Erhalt der Freude an Mathematik findest du in dem Heft auch ein Angebot von „etwas anderen Aufgaben".

Zahlen und Dezimalsystem haben viel miteinander zu tun.

Bedeutet „Zahlen" nur natürliche Zahlen?

Wie werden Zahlen gerundet?

Was muss ich über natürliche Zahlen wissen?

Bei der Darstellung von Zahlen in Diagrammen können oft nur Näherungswerte verwendet werden.

Zahlen und Größen

Was bedeutet „Größe" und welche Größen kenne ich?

Für die Umwandlung von Größen in verschiedene Einheiten sind Umrechnungszahlen hilfreich.

Beim Rechnen mit Größen müssen alle Werte mit gleichen Einheiten vorliegen.

Diese Inhaltsübersicht soll dir helfen, schnell zu erfassen, welche Zusammenhänge und Begriffe mit dem Thema verbunden sind. Du kannst und solltest die Übersicht auch nach deinen eigenen Vorstellungen erweitern bzw. ergänzen, sodass sie dir auch bei der Bearbeitung der Aufgaben nützlich sein kann.

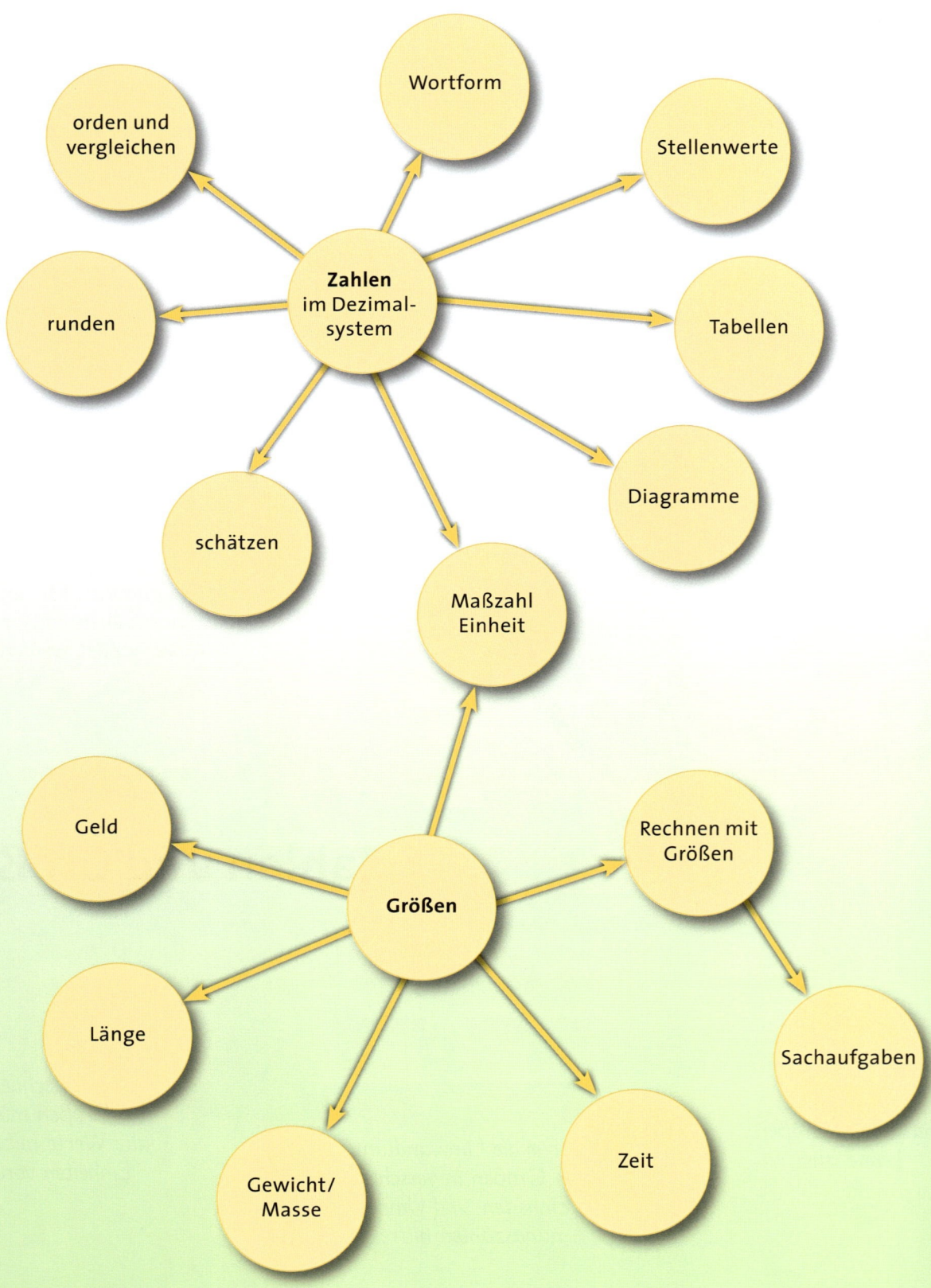

Inhalt	Beispiel

Es gibt verschiedene Arten von Zahlen, zum Beispiel die natürlichen Zahlen. Auch die Null kann als natürliche Zahl angesehen werden.

Außer Null haben alle natürlichen Zahlen einen Vorgänger. Einen Nachfolger hat jede natürliche Zahl.

Es gibt gerade natürliche Zahlen, sie enden auf 2, 4, 6, 8 oder 0 enden und ungerade natürliche Zahlen.

0, 1, 2, 3, 4, … sind natürliche Zahlen.

7 ist Vorgänger von 8 und Nachfolger von 6.

Die Zahl 162 ist gerade, die Zahl 345 ist ungerade.

Natürliche Zahlen schreibt man überwiegend im Dezimalsystem. Das ist ein Stellenwertsystem. Eine Stellenwerttafel hilft bei der Bestimmung der Stellenwerte.

$456 = 4 \cdot 100 + 5 \cdot 10 + 6 \cdot 1$
Die Zahl wird aus 4 Hundertern 5 Zehnern und 6 Einern gebildet.

Beim Runden auf eine Stelle wird die rechts davon befindliche Stelle betrachtet. Ist diese 0, 1, 2, 3, 4, bleibt die Ziffer an der Rundungsstelle unverändert und alle Stellen rechts davon werden Null (abrunden). Im anderen Fall wird aufgerundet.

4537 auf Hunderter gerundet ergibt 4500.
4537 auf Zehner gerundet ergibt 4540.

Beim Vergleichen und Ordnen natürlicher Zahlen werden die Stellenwerte verglichen. Dabei hilft auch die Vorstellung, ob sie auf dem Zahlenstrahl vor der Zahl oder nach der Zahl liegen würden.

$35\,687 < 35\,787$, denn an der Hunderterstelle ist $6 < 7$.
Auf dem Zahlenstrahl liegt 35 687 vor 35 787.

In Diagrammen können natürliche Zahlen dargestellt werden. Am häufigsten werden Säulendiagramme, Balkendiagramme, aber auch Figurendiagramme erstellt.

Dabei helfen auch Tabellen zur übersichtlichen Anordnung der Werte.

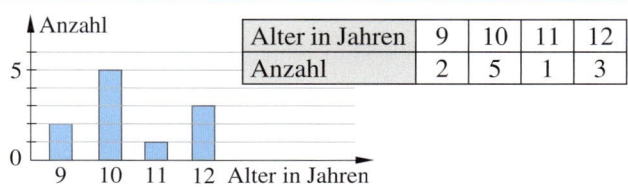

Alter in Jahren	9	10	11	12
Anzahl	2	5	1	3

Beim systematischen Zählen und Schätzen wird mit Vergleichswerten gearbeitet, die auf den zu ermittelnden Wert schließen lassen.

aus einem Foto in einem kleineren Teilausschnitt eine Anzahl bestimmen und auf das Gesamtbild „hochrechnen"

Größen werden mit Maßzahl und Maßeinheit geschrieben.

Bei 3 mm ist 3 die Maßzahl und mm die Maßeinheit.

Die Maßzahl kann bei Größen auch eine Dezimalzahl sein. Meist lässt sich eine Größe in einer kleineren Einheit so angeben, dass die Maßzahl eine natürliche Zahl ist.

350 Ct = 3,50 €
3,750 km = 3750 m
3,75 km = 3750 m   (Die letzte Null hinterm Komma kann weggelassen werden.)

Längen: Kilometer (km), Meter (m), Dezimeter (dm), Zentimeter (cm), Millimeter (mm)

1 km = 1000 m; 1 m = 1000 mm; 1 m = 100 cm;
1 m = 10 dm

Massen: Tonne (t), Kilogramm (kg), Gramm (g), Milligramm (mg)

1 t = 1000 kg; 1 kg = 1000 g; 1 g = 1000 mg

Zeiten: Stunde (h), Minute (min) und Sekunde (s)
Auch Tag (d) ist möglich.

1 h = 60 min; 1 min = 60 s; 1 h = 3600 s
1 d = 24 h

Geld (EU-Länder): Euro (€); Cent (Ct)

1 € = 100 Ct; 1 Ct = 0,01 €

Vorwissen

Aufgabe	w	f	Bemerkungen oder richtige Lösungen	Richtig gelöst? ✓

1

```
    A         B         C
├──┼──┼──┼──┼──┼──┼──┼──┼──►
0        50       100      150
```

An dem Zahlenstrahl wurden $A = 10$, $B = 70$ und $C = 120$ markiert.

```
      A       B         C
├──┼──┼──┼──┼──┼──┼──┼──┼──►
0                        1000
```

An dem Zahlenstrahl wurden $A = 100$, $B = 400$ und $C = 800$ markiert.

```
    A       B       C
├──┼──┼──┼──┼──┼──┼──┼──┼──►
0                    100 000
```

An dem Zahlenstrahl wurden $A = 15\,000$, $B = 45\,000$ und $C = 70\,000$ markiert.

Darstellung von Zahlen | S. 10, Nr. 1, 2 ←

geübt?

2 Hubert hat für je 1000 Einwohner seiner Stadt ein Männchen verwendet und diese Darstellung erhalten: 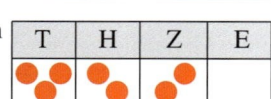 Das bedeutet:

	w	f		
Es sind ungefähr 6000 Einwohner.				
Es sind höchstens 6000 Einwohner.				
Es sind genau 6000 Einwohner.				
3 Männchen stehen für ca. 3000 Einwohner.				

Darstellung von Zahlen | S. 10, Nr. 3, 4 ←

geübt?

3 7 Plättchen wurden auf eine Stellenwerttafel gelegt.

T	H	Z	E
●●	●●	●●	

	w	f		
Tom hat 322 dargestellt.				
Anja legt noch ein Plättchen dazu und kann so 4220, 3302, 3230 und 3221 darstellen.				
Die größte gerade vierstellige Zahl, die zweimal die Ziffer 0 enthält, lautet 9008.				
Die Zahl Zehntausend hat 10 Nullen.				

Stellenwertsystem | S. 10, Nr. 5, 6; S. 11, Nr. 7, 8, 9, 10 ←

geübt?

Aufgabe	w	f	Bemerkungen oder richtige Lösungen	Richtig gelöst? ✓
4 Kann das sein?				
Die Zähne eines Krokodils sind ca. 430 cm lang.				
1 kg Gold kostet ca. 500 Ct.				
Eine Erdbeere wiegt ca. 15 g.				
Eine Briefmarke kostet 55 €.				
Ein Känguru wiegt ca. 3 t.				
Ein Fußballfeld ist ca. 105 m lang.				
Es gibt Bäume, die höher als 1 km sind.				
Größen und Einheiten			www 009-1; 009-2 S. 11, Nr. 11; S. 12, Nr. 12	←

geübt?

	w	f		
5 Es gibt 5-, 10-, 20-, 50-, 100-, 200- und 500-Euro-Scheine.				
mg ist eine Masse- bzw. Gewichtseinheit.				
1 h = 3600 s				
d (Tag) ist eine Zeiteinheit.				
1 t = 1000 g				
1 € = 500 Ct				
mm, cm, dm, m, g und km sind alles Längeneinheiten.				
Größen und Einheiten			S. 12, Nr. 13, 14	←

geübt?

6 Eva geht um 14:40 Uhr zu ihrer Tante. Für den Hinweg braucht sie 25 min. Sie bleibt 2 h 35 min bei ihrer Tante.

	w	f		
Eva kommt um 15:05 Uhr bei ihrer Tante an.				
Eva kommt um 17:40 Uhr auf direktem Weg von ihrer Tante zu Hause an.				
Eva war insgesamt 3 h 25 min unterwegs.				
Sachaufgaben			009-3 S. 12, Nr. 15; S. 13, Nr. 16, 17, 18, 19	←

geübt?

Basisaufgaben

Darstellung von Zahlen

1   Welche Zahlen ergeben sich auf dem Zahlenstrahl? Dabei ist eine Einheit 1 cm.

   a) 5 Einheiten von 19 entfernt _____   **b)** 320 Einheiten von 600 entfernt _____

   d) 1500 Einheiten entfernt von 1500 _____   **e)** 4200 Einheiten von 10 000 entfernt _____

2   Lies an dem Zahlenstrahl die markierten Zahlen ab und markiere die Zahl 9000 mit *E* und die Zahl 17 200 mit *F*.

   A _____ ;   *B* _____ ;   *C* _____ ;   *D* _____

3   Von mehreren Städten wurden die Einwohnerzahlen dargestellt. Ein Männchen steht für 5000 Einwohner.
   Abensberg 👫 ;   Burgenhof 👫👫👫 ;   Crailsberg 👫👬 ;   Detmünd 👫👫👫👫👫

   a) Erkläre, ob es sich um genaue Werte handelt.

   _____

   _____

   b) Gib die ungefähren Einwohnerzahlen der Städte an.

   Abensberg _____ ;   Burgenhof _____ ;   Crailsberg _____ ;   Detmünd _____

4   In einer statistischen Untersuchung wurde ermittelt, wie viele Obstanbaubetriebe welche Obstsorten haben.
   11 500 Betriebe bauten Äpfel an, 6000 Betriebe Birnen. Süßkirschen wurden von 7500 Betrieben und Sauerkirschen von
   3000 Betrieben angebaut. Pflaumen bauten rund 8000 Betriebe an.
   Lege fest, für wie viele Betriebe das Symbol stehen soll und zeichne entspreche Figurendiagramme für die Baumarten.

   ⬭ steht für _____ Betriebe

   Äpfel _____   Birnen _____

   Süßkirschen _____   Sauerkirschen _____

   Pflaumen _____

Stellenwertsystem

5   Die Form ⬛ steht für 1000, die Form ⬜ für 100, die Form ⬜ für 10 und die Form ❘ für 1. Welche Zahl ist dargestellt?

   a) _____   **b)** _____

   c) _____   **d)** _____

6   Welche Stellen sind in der Zahl 6 070 301 mit Ziffern (außer Null) belegt?
   Verwende die Abkürzungen E für Einer, T für Tausender, M für Millionen, Z für Zeh-
   ner und H für Hunderter und entsprechend zum Beispiel HT für Hunderttausender. _____

7 Vanessa hat mit 20 Plättchen eine Zahl gelegt.

HT	ZT	T	H	Z	E
● ● ● ● ● ●	●	● ● ●		● ● ●	● ● ● ● ● ● ● ●

a) Wie heißt diese Zahl? _____

b) Robert nimmt ein Plättchen weg. Welche möglichen 5 Zahlen können nun entstehen?

_____

c) Zeichne in die gegebene Stellenwerttafel „Plättchen" so ein, dass die Zahl 12 407 dargestellt ist.

HT	ZT	T	H	Z	E

Wie kannst du durch Verschieben von zwei Plättchen erreichen, dass eine Zahl entsteht, die kleiner als 11 400 ist aber größer als 11 300? Finde alle Möglichkeiten.

_____

_____

8 Wie viele Nullen hat die Zahl?

a) Hunderttausend _____   b) Elftausend _____   c) zwei Millionen _____

9 Ein Pfeil bedeutet „ist größer als". Setze die Zahlen 40 404; 40 044, 40 440 und 44 000 richtig ein.

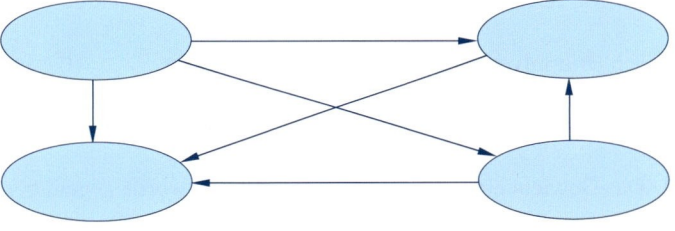

10 Schreibe die angegebene Zahl auf.

a) die größte vierstellige Zahl _____   b) die kleinste vierstellige Zahl _____

c) die größte fünfstellige Zahl, die aus lauter verschiedenen Ziffern besteht _____

d) die größte vierstellige Zahl, bei der sich benachbarte Ziffern um 3 unterscheiden _____

Größen und Einheiten

11 Setze die folgenden Angaben richtig in die Lücken der Sätze ein.
1 g;   100 g;   1000 g = 1 kg;   10 kg;   100 kg;   1000 kg = 1 t

① Ein 2 m großer Mann wiegt ungefähr _____ .   ② Eine Schraube wiegt ungefähr _____ .

③ Eine Kiste mit 6 Flaschen Apfelsaft (1-Liter-Flaschen) wiegt etwa _____ .

④ Ein ausgewachsener Eisbär wiegt ungefähr _____ .

⑤ Eine Tafel Schokolade wiegt ungefähr_____ .   ⑥ Ein Liter Wasser wiegt ungefähr _____ .

12 Verbinde jede Einheit mit dem Namen der zugehörigen Größe. Es dürfen sich keine Linien kreuzen.

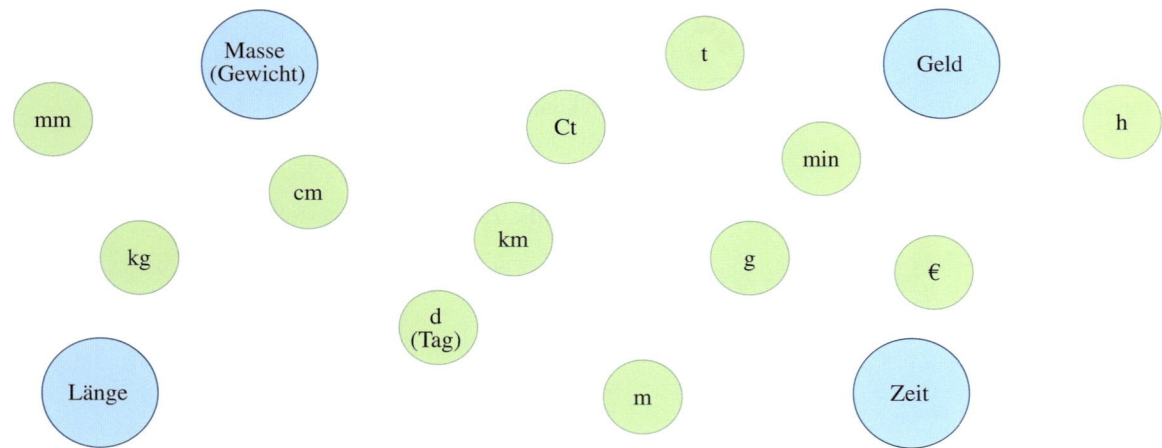

13 Setze die folgenden Angaben richtig in die Lücken der Sätze ein.
1 mm;   1 cm;   10 cm;   1 m;   10 m;   100 m;   1 km

① Die Höhe eines Hauses mit 3 Stockwerken beträgt ungefähr _____ .

② Ein Stecknadelkopf ist ungefähr _____ groß.

③ Der Durchmesser eines Knopfes beträgt etwa _____ .

④ Die kürzeste olympische Sprintdisziplin der Leichtathletik ist der _____-Lauf.

⑤ Ein Briefkuvert ist etwa _____ breit.   ⑥ In Dubai entsteht ein _____ hoher Wolkenkratzer.

14 Setze die richtigen Einheiten in die Lücken ein.

a) Das Gewicht eines Mittelwagens des ICE 2 wurde gegenüber dem ICE 1 um 5 _____ reduziert. Durch Verwendung von

Sitzen aus Aluminium wurde das Gewicht eines Sitzes von 50 _____ auf 25 _____ reduziert.

b) Die Länge der Marathonstrecke beträgt 42,195 _____ . Kein Mensch lief bisher die Strecke unter 2 _____ .

c) Eine Ameise wiegt zwischen 1 _____ und 5 _____ . Die kleinsten Ameisen werden nicht einmal 1 _____ groß.

Die größten (Termiten) können jedoch bis zu 7 _____ groß werden.

d) Bei der Geburt ist ein Blauwal etwa 2,5 _____ schwer und etwa 7 _____ lang.

e) Annas Kind wiegt bei der Geburt 3450 _____ und ist 53 _____ groß.

Sachaufgaben

15 Gib die zutreffende Uhrzeit an.

a) 18 Minuten nach 8:20 Uhr _____

b) 15 Minuten vor 17:30 Uhr _____

c) eine halbe Stunde nach 7:25 Uhr _____

d) 6 Stunden vor 18:33 Uhr _____

16 Tina trainiert für ein Radrennen. Sie war bei einer Trainingsfahrt 2 h 47 min unterwegs und kam um 11:12 Uhr am Ziel an. Zu welcher Uhrzeit ist sie losgefahren?

17 Ein Lastwagen darf mit 4000 kg beladen werden. Es liegen bereits 140 Eisenstangen, von denen jede 12 kg wiegt, auf dem Lastwagen. Berechne, wie viele Kupferrohre zu je 8 kg noch zugeladen werden können.

18 In einem Geschäft werden Hefte verkauft. Einzeln kostet ein Heft 49 Ct. Als Angebot werden die Hefte auch im günstigen Zehnerpack für 3,99 € verkauft.

a) Alexander benötigt im Laufe des Schuljahrs 10 Hefte und hat vor, das Angebot wahrzunehmen. Berechne, wie viel er spart, wenn er die Hefte nicht einzeln, sondern im Zehnerpack kauft.

b) Frau Schmiederer braucht für ihre Klasse 27 Hefte und möchte so wenig wie möglich bezahlen. Schlage ihr den günstigsten Kauf vor. Rechne und begründe deinen Vorschlag.

19 Auf zwei Waagen befinden sich Gewichte, kleine Kugeln und eine große Kugel. Wie viel wiegt eine kleine und wie viel die große Kugel, wenn alle kleinen Kugeln gleich schwer sind? Schreibe deine Überlegungen auf.

Vorwissen

1 Ergänze am Zahlenstrahl die Zahl in der freien Markierung. Markiere zusätzlich die Zahl 55 310 am Zahlenstrahl.

54 500   54 850

Darstellung von Zahlen

2

2 Von einigen Tieren wurde veranschaulicht, wie viel sie wiegen könnten. Dabei steht [Gewicht] für 10 kg.

Schreibe die Zahlen auf, die sich
aus der Darstellung ergeben.

Wildschwein _____

Fuchs _____

Hirsch _____

Schaf _____

Hase _____

Darstellung von Zahlen

5

3 Anja hat mit 24 Plättchen eine Zahl gelegt.

HT	ZT	T	H	Z	E

a) Wie heißt die Zahl? _____

b) Anja nimmt das Plättchen von der Zehnerstelle weg und legt es zur Einerstelle.
   Wie heißt die neue Zahl? _____

c) Nun nimmt Anja ein Plättchen der Zehntausender weg und legt es zu den Tausendern.
   Wie heißt diese neue Zahl? _____

Stellenwertsystem

4

4 Schreibe die zwei größten und die zwei kleinsten fünfstelligen Zahlen auf, die du mit den Ziffern 7, 4, 1 und 5 bilden kannst.
Jede Ziffer soll mindestens einmal vorkommen.

größte Zahlen _____

kleinste Zahlen _____

Stellenwertsystem

4

5 In welcher Maßeinheit misst man?

a) die Länge einer Biene _____   b) eine Eisenbahnstrecke _____

c) die Masse eines Pkws _____   d) die Dauer eines Konzerts _____

Größen und Einheiten   ☹ ☺ ☺ ☺   ⬜ 4

6 Ordne den folgenden Tieren zugehörige Längen zu.   3 mm;   4 cm;   3 m;   35 m;   35 cm;   8 m

Elefant _____;   Floh _____;   Meerschweinchen _____;   Tiger _____;

Spitzmaus _____;   Blauwal _____

Größen und Einheiten   ☹ ☺ ☺ ☺   ⬜ 6

7 Setze die richtigen Maßeinheiten ein.

a) Der 72 _____ schwere Tim stieß die 5 _____ schwere Kugel 11 _____ weit.

b) Beim Sportfest war Manuela beim 100-_____-Lauf 2 _____ langsamer als Nicola.

c) Die 2 _____ und 50 _____ lange ICE-Fahrt von Frankfurt nach München kostet 75,75 _____ .

d) Die Bergtour auf den 1338 _____ hohen Heuberg dauerte 1 _____ und 30 _____ .

Größen und Einheiten   ☹ ☺ ☺ ☺   ⬜ 11

8 Sonja möchte sich ein neues Fahrrad kaufen, das 215 € kostet. Sie hat dafür ein Jahr lang jeden Monat 10 € von ihrem Taschengeld zurückgelegt. Außerdem bekommt sie von ihrer Mutter 80 € und von ihrem Opa 50 € dazu. Reicht das?

_____

_____

_____

Sachaufgaben   ☹ ☺ ☺ ☺   ⬜ 3

Solltest du bei Aufgaben noch weiteren Übungsbedarf haben, dann schau in der Ausgangsdiagnose nach, welches Angebot dir zu dem jeweiligen Thema zur Verfügung steht.

S. 8, 9 ←

Zahlen

Aufgabe	w	f	Bemerkungen oder richtige Lösungen	Richtig gelöst? ✓

1 Altersverteilung aller Schülerinnen und Schüler einer Klasse:

17 Kinder sind 11 Jahre alt.				
Es gibt mehr Mädchen als Jungen.				
In der Klasse sind 31 Kinder.				
6 Mädchen sind älter als 10 Jahre.				

Diagramme   S. 18, Nr. 1, 2 ←

2

7380 entspricht 7 H 8 Z 3 E.				
$500\,004 = 5 \cdot 100\,000 + 4$				
9 M 9 H 8 E entspricht 9980.				
$6 \cdot 10\,000\,000 + 1 \cdot 10 + 5 = 6\,000\,015$				
633 045 entspricht 6 HT 3 ZT 3 T 4 Z 5 E.				
$24\,056 =$ $2 \cdot 10\,000 + 4 \cdot 1000 + 0 \cdot 100 + 5 \cdot 10 + 6$				

Stellenwertsystem   S. 18, Nr. 3, 4, 5; S. 19, Nr. 6, 7 ←

3

436 heißt vierhundertsechsunddreißig.				
7203 heißt siebentausendzweihundertdreißig.				
20 Milliarden 89 Tausend elf heißt 2 000 089 011.				
12 043 100 752 heißt 12 Milliarden 431 Millionen 752.				
5 Billionen 800 Milliarden 75 Millionen 80 Tausend 300 heißt 5 800 075 080 300				

Stellenwertsystem in Wortform   S. 19, Nr. 8, 9; S. 20, Nr. 10, 11 ←

geübt?

geübt?

geübt?

Aufgabe	w	f	Bemerkungen oder richtige Lösungen	Richtig gelöst? ✓
4 Der Vorgänger von 5980 ist 5979.				
Der Nachfolger von 5980 ist 5990.				
Die Zahlen 5897; 5908; 5978; 5980; 5987 sind der Größe nach geordnet.				
Ordnen und vergleichen			S. 20, Nr. 12, 13, 14; S. 21, Nr. 15, 16 ←	

S. 20, Nr. 12, 13, 14; S. 21, Nr. 15, 16

	w	f		
5 Es kann sinnvoll sein, die Höhe eines Gebäudes zu runden.				
Es kann sinnvoll sein, die Postleitzahl einer kleinen Stadt zu runden.				
Runden auf Tausender: $80\,543 \approx 81\,000$				
Runden auf Zehner: $289 \approx 300$				
Runden			S. 21, Nr. 17, 18, 19, 20; S. 22, Nr. 21 ←	

S. 21, Nr. 17, 18, 19, 20; S. 22, Nr. 21

6 Ein Bild mit Bambussträuchern wurde aufgenommen. Nun soll geschätzt werden, wie viele Blätter ungefähr auf dem Bild zu sehen sind.

	w	f		
Luise teilt das Bild in gleich große Felder ein, zählt eines dieser Felder aus und multipliziert das Ergebnis mit der Anzahl der Felder. Jetzt hat sie eine gute Schätzung.				
Es sind wesentlich mehr als 100 Blätter.				
Es sind ungefähr 100 Blätter.				
Schätzen			S. 22, Nr. 22, 23, 24, 25 ←	

S. 22, Nr. 22, 23, 24, 25

Hast du alles richtig gemacht bzw. hast du entsprechend geübt, solltest du auf jeden Fall auch komplexe Aufgaben lösen, bevor du dich dem nächsten Thema widmest.

S. 23, Nr. 26, 27 ←

geübt?

geübt?

geübt?

geübt?

Zahlen

Basisaufgaben

Diagramme

1   In einem Tierheim werden 100 Tiere betreut. Es handelt sich dabei um Hunde, Katzen und 40 Vögel. Dazu wurde ein Diagramm angefertigt. allerdings ist es nicht ganz fertig geworden. Vervollständige das Diagramm und ergänze die fehlenden Stellen im Text.

In dem Tierheim werden _____ Hunde und _____ Katzen betreut.

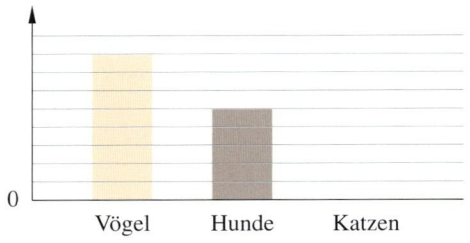

2   Letzte Woche wurden beim Pausenverkauf an jedem Wochentag die verkauften Käse- und Wurstbrötchen gezählt. Die Tabelle und das Diagramm zeigen nur teilweise das Ergebnis.
Lies aus dem Diagramm ab, wie viele Wurstbrötchen am Dienstag verkauft wurden, und vervollständige die Tabelle für diesen Tag. Zeichne für Dienstag mit dem Lineal in das Diagramm den fehlenden Balken ein.
Vervollständige die Tabelle und das Diagramm auch für Mittwoch.

	Mo.	Di.	Mi.	Do.	Fr.
Wurst	12			19	9
Käse	8	11		14	7
gesamt	20		29	33	16

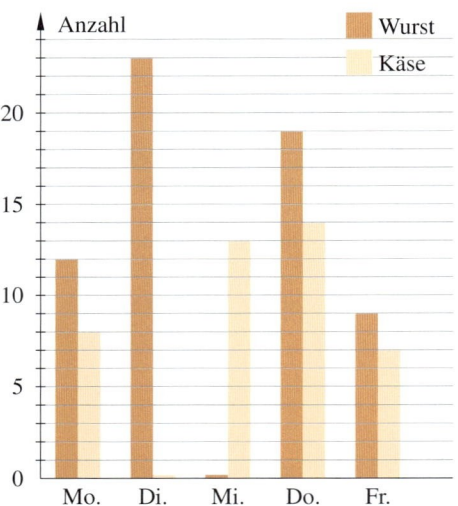

Stellenwertsystem

3   Schreibe die Zahl im Zehnersystem.

a) 5 ZT 1 T 9 H 8 E _____

b) 4 T 3 E _____

c) 5 M 3 T _____

d) 7 HT 4 T 6 H 1 E _____

e) 3 ZT 2 H 1 Z _____

f) 8 M 5 HT 2 H _____

4   Schreibe die Stellenwerte auf wie sie in Aufgabe 3 vorgegeben sind.

a) 407 350 _____

b) 2 040 125 _____

c) 645 000 _____

d) 26 000 333 _____

5   Schreibe die zugehörige Zahl auf.

a) $5 \cdot 100\,000 + 6 \cdot 10\,000 + 3 \cdot 100 + 2$ _____

b) $7 \cdot 1\,000\,000 + 8 \cdot 10\,000 + 4 \cdot 1000 + 9 \cdot 10 + 6$ _____

c) $1 \cdot 100\,000\,000 + 5 \cdot 1\,000\,000 + 3 \cdot 100\,000 + 6 \cdot 10\,000 + 2 \cdot 100$ _____

d) $9 \cdot 10\,000\,000 + 3 \cdot 10\,000 + 4 \cdot 1000 + 2 \cdot 10 + 8$ _____

6 Hier wurde die Schreibweise der Stellenwerte durcheinander gebracht. Sortiere die Schreibweise wieder und schreibe die zugehörige Zahl auf.

a) $4 \cdot 100 + 5 \cdot 1 + 3 \cdot 10$ _____ Zahl _____

b) $7 \cdot 1000 + 6 \cdot 10 + 5 \cdot 100 + 9 \cdot 1$ _____ Zahl _____

c) $5 \cdot 100 + 5 \cdot 10 + 5 \cdot 10\,000 + 5 \cdot 1$ _____ Zahl _____

d) $8 \cdot 100 + 2 \cdot 1\,000\,000 + 4 \cdot 10 + 3 \cdot 10\,000$ _____ Zahl _____

7 Hier spielen auch einmal sehr große Zahlen eine Rolle. Wir wählen dazu die folgenden Kurzformen:
Milliarden Mr;   Billionen B;   Billiarden Br.
Trage in die Stellenwerttafel ein und schreibe auch die Zahl auf.

a) 7 Mr 8 ZM 1 H 4 E
b) 4 ZB 3 ZM 7 ZT 1 Z 2 E
c) 1 ZBr 2 Br 2 ZB 2 M 2 ZT

d) 6 ZB 5 HMr 1 Mr 8 HT 9 E
e) 7 HBr 1 Br 6 ZB 4 ZMr 9 T
f) 2 ZBr 3 ZB 4 ZMr 5 ZM 6 ZT 7 Z

	Billiarde			Billion			Milliarde			Million			Tausend					
	HBr	ZBr	Br	HB	ZB	B	HMr	ZMr	Mr	HM	ZM	M	HT	ZT	T	H	Z	E
a)																		
b)																		
c)																		
d)																		
e)																		
f)																		

Stellenwertsystem in Wortform

8 Schreibe die Zahl auf.

a) 5 Tausend vier _____
b) 51 Tausend 25 _____

c) 3 Millionen 73 Tausend 66 _____
d) 84 Millionen 301 Tausend 6 _____

e) 7 Milliarden 5 Millionen 6 Tausend _____
f) 6 Milliarden 12 Tausend 612 _____

9 Schreibe das unterstrichene Zahlwort als Zahl.

a) Unser Universum ist ungefähr <u>fünfzehn Milliarden</u> Jahre alt. _____
b) Die Erde ist so groß, dass unser Klassenzimmer etwa <u>sieben-Billionen</u>-mal darauf Platz hätte. Allerdings ist der größte Teil mit Wasser bedeckt. _____

c) Zurzeit (2009) leben mehr als <u>achtzig Millionen</u> Menschen in Deutschland. _____
d) Es wird eingeschätzt, dass bis zum Jahr 2025 die Weltbevölkerung die <u>acht Milliarden</u> überschritten haben wird. _____

Zahlen

10 Schreibe als Zahl.

a) dreihundertneunundvierzig _____

b) zweihundertneun Millionen siebenhundertacht _____

c) zwanzig Billionen viertausendvierhundert _____

d) dreiundachtzig Milliarden sechs Millionen _____

11 Schreibe das Zahlwort auf.

a) 4301 _____

b) 78 400 001 _____

c) 212 001 000 409 _____

d) 1 000 020 003 004 _____

Ordnen und vergleichen

12 Vervollständige die Tabelle.

Vorgänger	Zahl	Nachfolger
	1999	
1000		
		23 409
	2 000 090	
		37 001
56 398		
	999 909 999	

13 Bestimme alle natürlichen Zahlen, welche die folgende Bedingung erfüllen.

a) Sie sind kleiner als 5. _____

b) Sie sind größer als 85, aber nicht größer als 88. _____

c) Sie sind größer als 28 und kleiner als 32. _____

14 Schreibe < , > oder = richtig zwischen die Zahlen.

a) 543 ___ 453

b) 8629 ___ 8628

c) 234 560 ___ 2 345 610

d) 553 455 ___ 553 545

e) 11 784 ___ 17 184

f) 888 888 ___ 8 888 888

g) 43 591 ___ 43 590

h) 7 707 777 ___ 7 777 770

i) 2 021 022 023 ___ 2 021 032 202

15 Ordne der Größe nach, sodass das „Größer-als"-Zeichen richtig steht.

a) 44 640; 64 646; 64 666; 466 444   _____ > _____ > _____ > _____

b) 157 045; 175 450; 104 557; 145 057   _____ > _____ > _____ > _____

c) 2 030 060; 2 003 060; 2 030 006; 2 036 000 _____ > _____ > _____ > _____

16 Ordne die Zahlenreihe, sodass die Zahlen in der Anordnung sind wie sie auf dem Zahlenstrahl markiert liegen würden.

a) 366; 127; 234; 108; 549; 413   _____

b) 1098; 947; 836; 2405; 903; 790   _____

c) 10 408; 9384; 21 300; 8402; 23 089; 9845   _____

Runden

17 Kreuze an, wenn man bei der Zahlenangabe sinnvoll runden kann. Begründe.

a) ☐ die Höhe des höchsten Berges Deutschland _____

b) ☐ dein Geburtsjahr _____

c) ☐ eine Telefonnummer _____

d) ☐ Die Entfernung von Berlin nach New York _____

18 Runde auf die in Klammern angegebene Stelle.

a) 295 (Hunderter) _____   b) 16 601 (Tausender) _____

c) 89 589 (Tausender) _____   d) 243 765 (Zehntausender) _____

e) 4 099 129 (Zehntausender) _____   f) 98 047 123 (Zehnmillionen) _____

19 Der Mittelpunkt der Erde ist, auf Hunderter gerundet, 6400 km von uns entfernt. Ergänze die Lücken im Text.

Der Mittelpunkt ist mindestens _____ von uns entfernt.

Er ist höchstens _____ von uns entfernt.

20 Im November 2008 wurden aus dem Internet die Einwohnerzahlen von fünf Städten Deutschlands herausgesucht. Für eine Auswertung ist jedoch nur eine Genauigkeit bis auf die Tausender nötig. Welche Näherungswerte sind also zu verwenden?

Stadt	Berlin	Dresden	Hamburg	Köln	München
Einwohner	3 405 259	504 795	1 754 312	989 766	1 332 650
Einwohner gerundet					

Zahlen

21 Valentin hat in einem Mathematik-Test die Zahl 8645 so auf Hunderter gerundet: $8645 \approx 8650 \approx 8700$.
Warum wurde die Lösung als falsch angestrichen und wie lautet das richtige Ergebnis?

_____

_____

_____

Schätzen

22 Du stehst vor einem Haus mit einem Flachdach. Das Haus hat vier Stockwerke. Wie hoch ist das Haus ungefähr? Erläutere, wie du bei deiner Schätzung vorgegangen bist.

_____

_____

_____

23 An Peters Schule werden ca. 1200 Schülerinnen und Schüler unterrichtet. In Pausen können Brezeln gekauft werden. Schätze ab, wie viele Brezeln in einem Schuljahr verkauft werden. Wie bist du vorgegangen? Vergleiche dein Ergebnis mit anderen in deiner Klasse vorgenommenen Schätzungen.

_____

_____

_____

24 Zähle die auf dem Bild zu sehenden Flaschen nicht ab, sondern schätze deren Anzahl schnell ab. Wie bist du vorgegangen?

_____

_____

_____

25 Schätze ab, wie viele Getreidehalme auf dem Bild zu sehen sind. Erinnere dich an die „Rastermethode".

_____

_____

Komplexe Aufgaben

26 Von vier Ländern in vier verschiedenen Erdteilen sind die mittleren Julitemperaturen gegeben.
Deutschland 22 °C, in Indonesien 26 °C, in Australien 5 °C und in Brasilien 18 °C.

a) Vervollständige das vorbereitete Diagramm zu einem Balkendiagramm. Ein Hilfsraster zur Darstellung der Längen für die Temperaturangaben ist bereits vorbereitet.

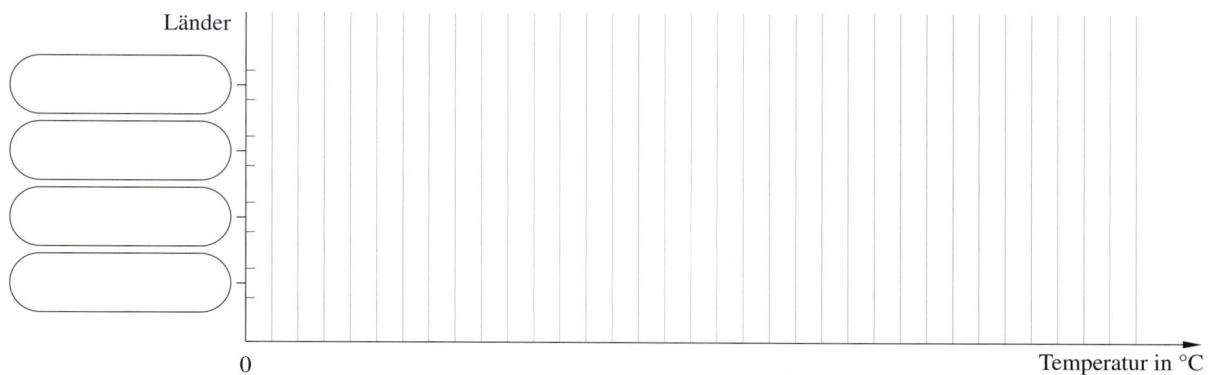

b) Die Einwohnerzahlen dieser Länder betragen ca. 82,4 Mio. in Deutschland, 245,5 Mio. in Indonesien, 20,3 Mio. in Australien und 188,1 Mio. in Brasilien.
Versuche, diese Zahlen auf dem vorgegebenen Ausschnitt eines Zahlenstrahls zu markieren, bei dem zwischen zwei größeren Einteilungsstrichen 100 Millionen liegen.

c) Schreibe die Einwohnerzahlen von b) vollständig als Zahlen.

_____

d) Runde die Einwohnerzahlen von b) auf ganze Millionen.

_____

e) Ordne jedem Land den zugehörigen Erdteil zu.

_____

27 Die fünf gegebenen Kärtchen werden als Ziffern-kärtchen angesehen.
Wähle geeignete Kärtchen aus und lege daraus eine Zahl, welche die geforderte Bedingung erfüllt.

52   9   104   5   17

a) eine möglichst große Zahl aus drei Kärtchen   _____

b) eine möglichst kleine Zahl aus vier Kärtchen   _____

c) eine möglichst kleine siebenstellige Zahl   _____

d) eine möglichst große achtstellige Zahl   _____

e) eine Zahl, die möglichst nahe bei 1 Million liegt   _____

f) eine möglichst große ungerade Zahl   _____

Zahlen

1 In der 5. Jahrgangsstufe einer Schule befinden sich 53 Schülerinnen und Schüler. Es wurde ein Schaubild erstellt, das anzeigt, wie sie zur Schule kommen. Leider ist das Schaubild noch nicht vollständig.

a) Ergänze.

Mit dem Zug kommen _____ Kinder, mit dem

Bus _____, mit dem Auto _____ Kinder.

b) Es ist bekannt, dass 10 Kinder mehr mit dem Fahrrad zur Schule kommen als zu Fuß. Bestimme die fehlenden Anzahlen. Ergänze dann das Schaubild.

_____

_____

mit dem Fahrrad: _____ Kinder; zu Fuß: _____ Kinder

Diagramme   😞 😐 🙂 😊   7

---

2 Erstelle die verschiedenen Schreibformen wie gefordert.

a) Schreibe 8 ZT 4 H 4 Z 6 E als Zahl.

b) Schreibe die Zahl 4 297 348 mit Stellenwerten.

c) Gib die kleinste und die größte fünfstellige Zahl an, bei der die Summe aller Ziffern (Quersumme) 3 ist.

d) Bilde aus den Ziffern der Zahl 29 280 571 die größtmögliche Zahl.

e) Gib die Zahl an, die 10 000-mal so groß ist wie 2386.

f) Gib für die Zahl 13 401 an, zwischen welchen benachbarten Tausendern sie liegt.

Stellenwertsystem   😞 😐 🙂 😊   8

---

3 Schreibe entsprechend als Zahl oder als Zahlwort.

a) zweiundfünfzig Billiarden hundertzwölf Millionen hunderttausendzwei

b) 123 Milliarden 34 Millionen 486 Tausend 958

c) 504 030 200 010

d) 25 000 250 000 205

Stellenwertsystem in Wortform   😞 😐 🙂 😊   4

---

4 Bestimme die angegebenen Zahlen.

a) Vorgänger und Nachfolger von 899 000 000   Vorgänger _____ ;   Nachfolger _____

b) Vorgänger und Nachfolger von 69 899 999   Vorgänger _____ ;   Nachfolger _____

c) alle natürlichen Zahlen kleiner als 1003 und größer als 997 _____

Ordnen und vergleichen   ☹ ☺ ☺ ☺   6

5 Runde auf die angegebene Stelle.

a) 24 169 (Tausender) _____

b) 4 099 129 (Zehntausender) _____

c) 882 000 (Millionen) _____

d) 64 378 435 (Hunderttausender) _____

Runden   ☹ ☺ ☺ ☺   4

6 Eine Zahl wurde auf Hunderter gerundet und mit 17 800 angegeben. Gib an, bei welchen Zahlen man dieses Rundungs-ergebnis erhält.

_____

Runden   ☹ ☺ ☺ ☺   2

7 An einem Sonntag zu Ferienbeginn meldet der Verkehrsfunk einen Stau von 25 km auf beiden Autobahnspuren in Richtung Hamburg. Schätze die Anzahl der Fahrzeuge im Stau?

_____

_____

Schätzen   ☹ ☺ ☺ ☺   2

8 Schätze die Anzahl der Beeren in dem Bild ab.

_____

Schätzen   ☹ ☺ ☺ ☺   2

Solltest du bei Aufgaben noch weiteren Übungsbedarf haben, dann schau in der Ausgangsdiagnose nach, welches Angebot dir zu dem jeweiligen Thema zur Verfügung steht.

S. 16, 17 ←

Aufgabe	w	f	Bemerkungen oder richtige Lösungen	Richtig gelöst? ✓
1 $2\,\text{min}\,15\,\text{s} = 135\,\text{s}$				
$6000\,\text{s} = 100\,\text{min}$				
$12\,\text{h}\,50\,\text{min} = 7700\,\text{min}$				
$1\,\text{h}\,40\,\text{min}\,17\,\text{s} = 6010\,\text{s}$				
Die Zeitspanne zwischen 7:55 Uhr und 9:20 Uhr beträgt 2 h 25 min.				
Runde auf h: $5\,\text{h}\,29\,\text{min} \approx 5\,\text{h}$				
$2\,\text{d}\,4\,\text{h} = 28\,\text{h}$ (d bedeutet Tag)				
Umwandlungen – Zeit		www 026-1	S. 28, Nr. 1, 2; S. 29, Nr. 9	←
2 $300\,\text{Ct} = 30\,€$				
$27{,}63\,€ = 27\,€\,63\,\text{Ct}$				
$48\,\text{Ct} = 0{,}48\,€$				
$8\,€\,8\,\text{Ct} = 880\,\text{Ct}$				
$6060\,\text{Ct} = 6\,€\,60\,\text{Ct}$				
$18\,€ > 1770\,\text{Ct}$				
Runde auf €: $189\,\text{Ct} \approx 2\,€$				
Umwandlungen – Geld			S. 28, Nr. 3; S. 29, Nr. 8, 9, 10, 11	←
3 $300\,000\,\text{g} = 300\,\text{kg}$				
$5\,000\,000\,\text{g} = 5000\,\text{kg} = 5\,\text{t}$				
$49\,\text{kg} = 0{,}49\,\text{t}$				
$79{,}1\,\text{kg} = 79\,100\,\text{g}$				
$4\,500\,000\,\text{mg} = 0{,}45\,\text{g}$				
$3080\,\text{g} = 3{,}80\,\text{kg}$				
$2\,\text{t}\,30\,\text{kg} = 230\,\text{kg}$				
Umwandlungen – Masse/Gewicht		www 026-2	S. 28, Nr. 4, 5; S. 29, Nr. 8, 9, 10, 11	←

geübt?

Aufgabe	w	f	Bemerkungen oder richtige Lösungen	Richtig gelöst? ✓
4 $4\,cm = 40\,mm$				
$0{,}008\,m = 8\,mm$				
$7\,cm\,4\,mm = 704\,mm$				
$8\,m\,8\,dm = 880\,cm$				
Runde auf dm: $73\,817\,cm \approx 7382\,dm$				
$20\,mm < 1\,dm\,9\,cm < 3\,dm < 18\,cm$				
Umwandlungen – Länge			⟳ 027-1 **S. 28, Nr. 6, 7; S. 29, Nr. 8, 9, 10, 11**	←
5 $2\,h + 145\,min = 4\,h\,15\,min$				
$17{,}25\,€ - 12{,}75\,€ = 5{,}50\,€$				
$896\,kg + 554\,g = 896\,554\,g$				
$4\,m\,3\,dm + 1\,m\,24\,cm = 554\,cm$				
$10 \cdot 25\,Ct + 8 \cdot 2\,€ = 18{,}50\,€$				
$2\,h - 25\,min = 1\,h\,75\,min$				
$4\,m \cdot 4 = 16$				
$25\,t : 25\,000 = 1\,kg$				
Rechnen mit Größen			**S. 29, Nr. 12; S. 30, Nr. 13, 14, 15, 16**	←

6 Kauffrau Müller kauft für $30\,000\,€$ modische Kleider. Ihre Unkosten für Ladenmiete, Löhne, usw. betragen $9540\,€$.

	w	f		
Um einen Gewinn von $4550\,€$ zu erzielen, muss sie die Kleider für $44\,090\,€$ verkaufen.				
Wenn sie alle Kleider für $41\,000\,€$ verkauft, dann hat sie einen Gewinn von $1560\,€$.				
Sachaufgaben			**S. 30, Nr. 17; S. 31, Nr. 18**	←

Hast du alles richtig gemacht bzw. hast du entsprechend geübt, solltest du auf jeden Fall auch komplexe Aufgaben lösen, bevor du dich dem nächsten Thema widmest.

S. 31, Nr. 19 ←

geübt?

Größen

Basisaufgaben

Umwandlungen – Zeit

1 Schreibe mit der in Klammern angegebene Einheit. (d bedeutet Tag)

a) 4 min 25 s (s) _____

b) 2 d 3 h (h) _____

c) 4200 min (h) _____

d) 12 h (min) _____

e) 7200 s (h) _____

f) 7200 min (d) _____

g) $\frac{1}{2}$ h (min) _____

h) $\frac{3}{4}$ min (s) _____

i) $\frac{1}{4}$ d (h) _____

2 Bestimme die Zeitspanne.

a) von 7:05 Uhr bis 9:36 Uhr _____

b) von 14:44 Uhr bis 15:08 Uhr _____

c) von 11:33 Uhr bis 13:14 Uhr _____

d) von 22:11 Uhr bis 00:05 Uhr _____

Umwandlungen – Geld

3 Schreibe mit der in Klammern angegebenen Einheit.

a) 2 € 50 Ct (Ct) _____

b) 70 € 4 Ct (Ct) _____

c) 30 000 Ct (€) _____

d) 910 Ct (€) _____

e) 4 Ct (€) _____

f) 20,01 € (Ct) _____

Umwandlungen – Masse/Gewicht

4 Schreibe mit der in Klammern angegebenen Einheit.

a) 7 kg 400 g (g) _____

b) 6 t 45 kg (kg) _____

c) 5 kg 4 g (g) _____

d) 5 t (kg) _____

e) 4,057 kg (g) _____

f) 15 kg 300 g (t) _____

g) 0,25 kg (g) _____

h) 0,07 t (kg) _____

i) $\frac{1}{2}$ kg (g) _____

5 Ordne wie vorgegeben: 9 kg; 0,9 t; 1200 g; 1,8 kg; 0,5 kg; 1 kg 30 g; 14 000 g

_____ > _____ > _____ > _____ > _____ > _____ > _____

Umwandlungen – Länge

6 Markiere gleiche Längen mit gleichen Farben.

400 m	4000 cm	4 km	40 000 dm	40 dm
400 000 cm	400 dm	4000 dm	0,4 km	4000 m
4 m	400 cm	40 m	4000 mm	0,04 km	40 000 cm

7 Ordne wie vorgegeben: 1,15 m; 1005 mm; 15 dm 5 cm; 1,05 m; 150 cm; 10050 mm; 15 m

_____ < _____ < _____ < _____ < _____ < _____ < _____

Umwandlungen

8 Schreibe mit allen möglichen verschiedenen Einheiten. Beispiel 2467 mm = 2 m 4 dm 6 cm 7 mm

a) 3489 mm _____

b) 50 070 m _____

c) 4378 kg _____

d) 13 407 Ct _____

e) 11 001 g _____

e) 2608,800 kg _____

g) 2500,34 m _____

h) 62 090 302 mm _____

9 Trage das Zeichen <, > oder = richtig ein. Begründe, indem du eine Größe in der Einheit der anderen Größe schreibst.

a) 67 min ____ 420 s _____

b) 4 km ____ 4276 dm _____

c) 3 g 48 mg ____ 3480 mg _____

d) 409 kg ____ 400 900 g _____

e) 5 m 38 cm ____ 5380 mm _____

f) 2 h 40 min ____ 240 min _____

g) 7 kg ____ 789 g _____

h) 6006 Ct ____ 60 € 6 Ct _____

i) 5,5 km ____ 5,500 km _____

j) 4 € 65 Ct ____ 4,65 € _____

10 Schreibe mit Komma in der größten vorkommenden Einheit.

a) 2 € 25 Ct _____

b) 22 km 75 m _____

c) 820 kg 67 g _____

d) 25 m 3 mm _____

e) 5 € 76 Ct _____

f) 2 t 45 kg _____

g) 18 m 89 cm _____

h) 50 km 2 m 70 cm _____

i) 1 t 20 kg 400 g _____

11 Runde auf die in Klammern angegebene Einheit.

a) 19 952 cm (m) _____

b) 19 952 cm (dm) _____

c) 23 476 g (kg) _____

d) 4504 Ct (€) _____

e) 22 096 kg (t) _____

f) 14 650 dm (km) _____

g) 52,7 dm (m) _____

h) 720,5 m (km) _____

i) 23 876 400 mg (kg) _____

Rechnen mit Größen

12 Berechne.

a) 4 m + 3 dm _____

b) 18 kg + 500 g _____

c) 1 h 20 min + 80 min _____

d) 4 kg 120 g – 2 kg 100 g _____

e) 2 km – 740 m _____

f) 8 h 30 min – 0,5 h _____

g) 10,50 € – 80 Ct _____

h) 2 g – 120 mg _____

i) 2 t 350 kg + 1200 kg _____

j) 230 cm + 400 dm _____

k) 14 h 50 min – 80 min _____

l) 5 € 4 Ct – 186 Ct _____

Größen

13 Vervollständige die „Fahrtentabelle".

	Fahrt 1	Fahrt 2
Abfahrt	4:50 Uhr	8:35 Uhr
Ankunft	12:35 Uhr	
Fahrzeit		7 h 50 min

14 Fülle die Tabelle aus. Achte darauf, dass das Ergebnis in der angegebenen Einheit geschrieben wird.

	: 100	· 10	· 1000
380 kg	g	t	t
43 m	mm	dm	km
490 €	Ct	€	€
6,3 g	mg	g	kg

15 Berechne.

a) $520\,cm + 8 \cdot (38\,cm + 82\,cm)$ _____

b) $42\,dm + 8\,km : 20$ _____

c) $4 \cdot 28\,Ct - 0{,}5\,€$ _____

d) $16\,t : 400$ _____

e) $540\,m - 6\,m \cdot 50$ _____

f) $10\,h\,30\,min : 18$ _____

16 Verbinde jede Aufgabe mit dem zugehörigen Ergebnis.

a)

(4 cm + 6 dm) (6 cm 4 mm) (192 mm : 3)

(3 cm + 34 mm) (64 cm) (4 · 16 dm)

(6,4 m)

(7 cm – 6 mm)

b)

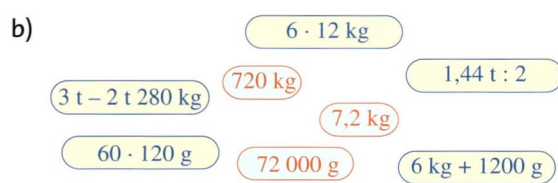

(6 · 12 kg)

(720 kg) (1,44 t : 2)

(3 t – 2 t 280 kg) (7,2 kg)

(60 · 120 g) (72 000 g) (6 kg + 1200 g)

Sachaufgaben

17 Am 18. Dezember gibt Rosemarie ihren Mitschülern ein Rätsel auf: „In 5760 Minuten habe ich Geburtstag. Kann ich vor oder nach Heiligabend Geburtstag feiern?"

_____

_____

_____

18 Bei einem Triathlon, das ist ein Dreikampf aus Schwimmen, Radfahren und Laufen, ergab sich die hier angegebene Gesamtzeit beim Zieleinlauf. Nach 38 min war die Läuferin mit dem Schwimmen fertig. Zum Radfahren benötigte sie 1 h 48 min. Wie lange war sie auf der Laufstrecke?

Komplexe Aufgaben

19 Thomas und Annika verkaufen ihre Spielsachen auf dem Flohmarkt. Ihre Einnahmen bestehen aus insgesamt 35 kupferfarbenen Münzen (1-, 2- und 5-Cent-Münzen) und 98 messingfarbenen Münzen (10-, 20- und 50-Cent-Münzen), von jeder Sorte mindestens ein Exemplar.
Die Münzen haben folgende Gewichte:

| 2,30 g | 3,06 g | 3,92 g | 4,10 g | 5,74 g | 7,80 g |

a) Berechne, wie viel Geld sie mindestens eingenommen haben.

b) Berechne, wie viel Geld sie höchstens eingenommen haben.

c) Berechne zu beiden Varianten aus a) und b) das Gewicht der Münzen im Geldbeutel.

d) Die Freundin Nicola verkaufte auch ihre Spielsachen. Die eingenommenen Münzen wiegen auf Hunderter gerundet 400 g. Gib eine Möglichkeit an, wie viel sie verdient haben könnte und wie viele Münzen jeder Sorte unter den Einnahmen sind. Auch hier sollte jede Münze mindestens einmal vorkommen.

Größen

1 Wandle in die in Klammern angegebene Einheit um. (d bedeutet Tag)

a) 9 min (s) _____

b) 600 s (min) _____

c) 240 min (h) _____

d) 144 h (d) _____

e) $\frac{1}{2}$ min (s) _____

f) 210 min (h) _____

Umwandlungen – Zeit   ☹ ☺ ☺ ☺ ◻ 6

2 Schreibe in der kleineren Einheit.

a) 4 h 8 min _____

b) 8 min 2 s _____

c) 2 d 15 h _____

Umwandlungen – Zeit   ☹ ☺ ☺ ☺ ◻ 3

3 Wandle in die in Klammern angegebene Einheit um.

a) 78 Ct (€) _____

b) 8 € 8 Ct (Ct) _____

c) 44 € 5 Ct (€) _____

d) 9 Ct (€) _____

Umwandlungen – Geld   ☹ ☺ ☺ ☺ ◻ 4

4 Wandle in die in Klammern angegebene Einheit um.

a) 7300 g (kg) _____

b) 4 kg 48 g (g) _____

c) 580 kg (t) _____

d) 2 t 6 kg (kg) _____

e) 14,014 kg (g) _____

f) 15,3 g (mg) _____

Umwandlungen – Masse/Gewicht   ☹ ☺ ☺ ☺ ◻ 6

5 Wandle in die in Klammern angegebene Einheit um.

a) 180 mm (cm) _____

b) 6 km 30 m (m) _____

c) 1300 m (km) _____

d) 46 m (cm) _____

e) 13,09 m (mm) _____

f) 60,5 cm (m) _____

Umwandlungen – Länge   ☹ ☺ ☺ ☺ ◻ 6

6 Runde auf die angegebene Einheit.   a) 2748 mm (dm) _____   b) 1794 cm (m) _____

Umwandlungen – Länge   ☹ ☺ ☺ ☺ ◻ 2

7 Ordne die Längen. Beginne mit der kleinsten.   40,4 m; 0,040 km; 400 cm; 404 cm; 4 m 4 dm; 440 dm

Umwandlungen – Länge   ☹ ☺ ☺ ☺   ◻ 3

8 Trage das Zeichen <, > oder = richtig ein.

a) 44 kg _____ 4400 g   b) 320 dm _____ 3200 mm   c) $1\frac{1}{2}$ h _____ 90 min   d) 450 Ct _____ 4,05 €

Umwandlungen   ☹ ☺ ☺ ☺   ◻ 4

9 Berechne.

a) 20,2 kg – 14,08 kg _____   b) 12 · 4,7 m _____

c) 47,4 t : 6 _____   d) 89 € – 4835 Ct _____

e) 0,8 m · 25 _____   f) 4 h 10 min : 25 _____

Rechnen mit Größen   ☹ ☺ ☺ ☺   ◻ 6

10 An Evas Schule beginnt der Unterricht um 7:55 Uhr. Jede der 6 Schulstunden dauert 45 min. Nach der 2. Stunde ist 10 min Pause, nach der 4. Schulstunde 20 min. Wann endet die fünfte Schulstunde?

Sachaufgaben   ☹ ☺ ☺ ☺   ◻ 3

11 Ein Elektronikgeschäft verkauft in einer Aktion 20 Multimedia-Geräte für zusammen 4000 €. Im Einkauf hat der einzelne Artikel dem Geschäft 150 € gekostet. Zusätzlich entstanden dem Geschäft Kosten in einer Gesamthöhe von 400 €. Welchen Gewinn brachte der Verkauf eines einzelnen Multimedia-Gerätes?

Sachaufgaben   ☹ ☺ ☺ ☺   ◻ 3

Solltest du bei Aufgaben noch weiteren Übungsbedarf haben, dann schau in der Ausgangsdiagnose nach, welches Angebot dir zu dem jeweiligen Thema zur Verfügung steht.

S. 26, 27 ←

Größen

Zahlen und Größen

Potenzschreibweise

10^2, 10^4, 10^5 werden Zehnerpotenzen genannt. Die zugehörigen Werte der Potenzen nennt man auch Stufenzahlen. Welche Stufenzahlen gehören zu den genannten Zehnerpotenzen?

> **Info:** Eine Potenz ist eine Kurzschreibform einer Multiplikation mit gleichen Faktoren. 3^4 (sprich: 3 hoch 4) bedeutet, 3 wird 4-mal mit sich selbst multipliziert, also $3^4 = 3 \cdot 3 \cdot 3 \cdot 3$

_____

Besondere Zehnerpotenzen sind $10^1 = 10$ und $10^0 = 1$. Wie kann die Zahl 835 617 entsprechend ihrer Stellenwerte mit Zehnerpotenzen geschrieben werden?

_____

Welche natürliche Zahl „verbirgt" sich hinter der Schreibform $9 \cdot 10^4 + 3 \cdot 10^3 + 4 \cdot 10 + 7 \cdot 1$? _____

Die Sonne ist von der Erde $150 \cdot 10^6$ km entfernt. Wie heißt die Zahl? Schreibe auch das Zahlwort auf.

_____

Wähle aus den „Kärtchen" mindestens 6 aus und bilde Schreibformen natürlicher Zahlen mit Zehnerpotenzen. Schreibe auch die natürlichen Zahlen auf, die sich dahinter „verbergen". Finde mindestens drei Zahlen die größer und drei Zahlen die kleiner als Viertausend sind.

_____

_____

_____

„Zweierzahlen" melden sich zu Wort

Die „Zweierzahlen" bestehen nur aus den Ziffern 0 und 1 und trotzdem kann man etwas damit anfangen, nämlich in der Computertechnik. Sie sind den Dezimalzahlen recht ähnlich. Es gibt Stellenwerte und auch Potenzen für diese Stellenwerte. Eine Stellenwerttafel für diese Dualzahlen sieht so aus:

2^6	2^5	2^4	2^3	2^2	2^1	2^0
64	32	16	8	4	2	1
				1	0	1

Warum werden diese Zahlen Dualzahlen oder Zahlen im Zweiersystem genannt?

_____

_____

Die in die Stellenwerttafel eingetragene Zahl heißt $101_{(2)}$.
Welche Dezimalzahl kann dafür angegeben werden? _____

Übrigens: $101_{(2)}$ heißt nicht einhunderteins, sondern die Dualzahl Eins Null Eins.
Hier wurde begonnen, im Dualsystem von Null an zu zählen. Wie geht es weiter?

$0_{(2)}$, $1_{(2)}$, $10_{(2)}$, $11_{(2)}$, $100_{(2)}$, _____

_____

Beginne mit Feld 1 und suche das Feld, auf dem die zugehörige Dezimalzahl steht. Beschrifte es mit 2 und gehe von der Dualzahl dieses Feldes weiter zur zugehörigen Dezimalzahl auf einem anderen Feld. Beschrifte dieses Feld mit 3 usw. Welches Lösungswort ergibt sich in der Reihenfolge der Feldbeschriftungen?

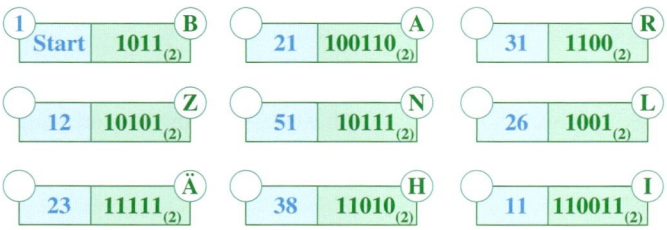

Etwas andere Aufgaben

Hilfe, die Römer kommen!

Bei den römischen Zahlen werden Zahlzeichen verwendet, deren Werte meist addiert werden.

Hauptzeichen I (1), X (10), C (100), M (1000) und

Zwischenzeichen V (5), L (50), D (500)

Es dürfen nur höchstens 3 Grundzeichen gleichen Wertes nebeneinander stehen, Zwischenzeichen müssen einzeln bleiben:

XXX bedeutet 30; CC bedeutet 200.

Die Zeichen müssen allgemein in kleiner werdender Abfolge nebeneinander stehen: MMDXXX bedeutet 2530; DCCCXII bedeutet 812.

Steht jedoch eine niedrigere Grundzahl links neben einem nächstgrößeren Haupt- oder Zwischenzeichen, wird subtrahiert: IV bedeutet 4; CIX bedeutet 109; CDXIV bedeutet 414.

An alten Turmuhren oder auch Regulatoren kannst du an Ziffernblättern noch Römische Zahlen sehen. Allerdings ist dort meist ein Fehler nach den hier genannten Regeln enthalten. Kennst du diesen Fehler schon? Wo steckt er? Wie kannst du dir das erklären?

_____

_____

_____

Kann dieses Gebäude dem Baustil des Barock zugeordnet werden? Man sagt, die Barockzeit währte etwa von 1575 bis 1770. Danach, etwa zwischen 1770 und 1830, spricht man vom Zeitalter des Klassizismus.

_____

_____

Hier kannst du „römisch" mit Streichhölzern „spielen". Lege ein Streichholz so um, dass die Rechnung stimmt.

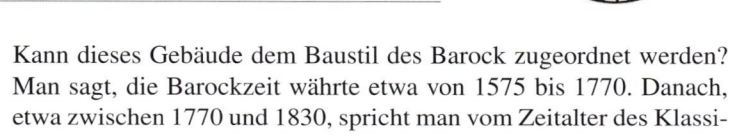

a) X X + III = XVI

b) XI + I = X

c) X + V = X

Im Jahr DCCC wurde am XXV.XII. Karl der Große von Papst Leo III. in Rom zum Kaiser gekrönt. Schreibe den Satz mit Zahlen im Zehnersystem.

_____

_____

Zu den XVII. Olympischen Spielen wurde von der italienischen Post diese Sondermarke herausgegeben.

In welchem Jahr fanden die wievielten Olympischen Spiele in Rom statt?

_____

Zahlen und Größen

1 Das Diagramm zeigt, auf welche Weise die 145 Schülerinnen und Schüler aller 5. Klassen zur Schule kommen. Allerdings ist eine Säule vergessen worden einzuzeichnen.

a) Wie viele Schülerinnen und Schüler nutzen öffentliche Verkehrsmittel (Bus und Bahn)?

_____

b) Wie viele Kinder werden mit dem Auto zur Schule gebracht?

_____

Zeichne auch die fehlende Säule in das Diagramm.

c) An einem Tag mit schlechtem Wetter ergaben sich nur bei den Radfahrern Veränderungen, und zwar nahmen nur 6 Kinder das Fahrrad. Der dritte Teil der ursprünglichen Radfahrer ging zu Fuß zur Schule. 8 Kinder wurden mit dem Auto gebracht. Der Rest fuhr zu gleichen Teilen Bus und S-Bahn. Zeichne in das Diagramm auch diese Ergebnisse ein.

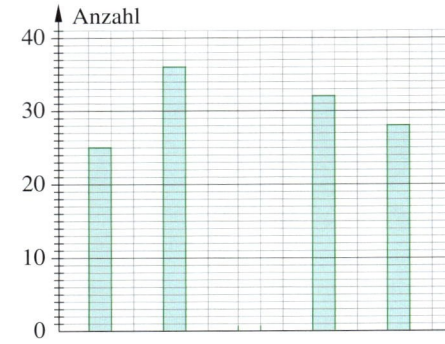

Diagramme  8

---

2 Aus einer statistischen Untersuchung ging hervor, wie viele Geldscheine Ende September 2008 jeweils im Umlauf waren. In der Tabelle sind Zahlenangaben auf Millionen gerundet angegeben.

Scheine mit Wert	500 €	200 €	100 €	50 €	20 €	10 €	5 €
Anzahl in Mio.	473	159	1241	4384	2358	1847	1375

a) Schreibe die Anzahl an 200-Euro-Scheinen als Zahl. _____

b) Von welchen Euro-Scheinen waren ebenfalls weniger als 1 Milliarde im Umlauf? Gib die Zahlen an. _____

c) Welche Scheinwerte kannst du nennen, bei denen an der Stelle 100 Millionen die Ziffer 3 steht? Schreibe auch die Anzahlen auf.

_____

d) Bei welchen Euroscheinen ist in der Zahlenangabe die Ziffer an der Stelle 10 Millionen am größten? Schreibe die Zahl auf. _____

e) Ist die Aussage möglich? Begründe.
Ende September 2008 waren ungefähr 1 Milliarde 100-Euro-Scheine im Umlauf.

_____

_____

f) Wie könnte die folgende Aussage anders formuliert werden? Begründe.
Ende September 2008 waren ungefähr 2000 Millionen 10-Euro-Scheine im Umlauf.

_____

_____

Stellenwertsystem  10

3 Notiere das zugehörige Zahlwort bzw. die zugehörige Zahl.

a) 82 006 050 000 _____

b) die Hälfte von 800 000 _____

c) 908 000 370 _____

d) sieben Milliarden vierhundertsechs Millionen dreitausendvierhundertfünf _____

e) fünf Billionen sechs Millionen siebentausendachthundertneunzig _____

Stellenwertsystem in Wortform ☹ 😐 🙂 😃 ◣ 5

---

4 Notiere Vorgänger und Nachfolger der Zahlen. Schreibe sie aber gleich in geordneter Reihenfolge auf beginnend mit der kleinsten Zahl.
240 205, 24 250, 2425, 2 054 000, 204 502, 2400, 20 450, 2 500 000

_____

_____

Ordnen und vergleichen ☹ 😐 🙂 😃 ◣ 8

---

5 Runde die Zahl 5 772 035 auf Tausender, auf Hunderttausender und auf Hunderter.

_____

Runden ☹ 😐 🙂 😃 ◣ 3

---

6 Eine Zahl wurde auf Hunderter gerundet. Das Ergebnis ist 2800. Vervollständige den Satz.

Die Zahl liegt zwischen _____ und _____ .

Runden ☹ 😐 🙂 😃 ◣ 2

---

7 Schätze ab, ob mehr als 200 Vögel in diesem Bildausschnitt zu sehen sind. Erläutere kurz, wie du vorgegangen bist.

_____

_____

_____

Schätzen ☹ 😐 🙂 😃 ◣ 4

8 Wandle in die in Klammern angegebene Einheit um.

a) 4,35 km (m) ____________

b) 450 g (kg) ____________

c) 36 600 kg (t) ____________

d) 76 000 Ct (€) ____________

e) 34,56 m (cm) ____________

f) 34 t 6 kg (kg) ____________

g) 12 min (s) ____________

h) 17,1 dm (mm) ____________

Umwandlungen von Größen ☹ 😐 🙂 😀 /8

9 Rechne.

a) 42 kg 30 g + 112,5 kg ____________

b) 4 km 300 m – 3,08 km ____________

c) 6 h 10 min – 2 h 25 min ____________

d) 2 m 40 cm : 12 ____________

e) 2 h 10 min · 5 ____________

f) 1,2 km : (4 · 25) ____________

Rechnen mit Größen ☹ 😐 🙂 😀 /6

10 Der bisher größte Mensch war der Amerikaner Robert Wadlow mit 2,72 m. Die größte Frau war Marianne Wedde mit 2,55 m Körpergröße. Wie viel cm beträgt der Größenunterschied?

____

Sachaufgaben ☹ 😐 🙂 😀 /2

11 Wenn es bei uns 15 Uhr ist, ist es in Mexiko erst 8 Uhr. Ein Flugzeug startet in Köln um 9 Uhr und landet nach einem Flug von 9 h in Mexiko. Wie spät ist es dann in Mexikot?

____

____

Sachaufgaben ☹ 😐 🙂 😀 /3

Solltest du bei Aufgaben noch weiteren Übungsbedarf haben, dann schau in den Ausgangsdiagnosen nach, welches Angebot dir zu dem jeweiligen Thema zur Verfügung steht.

S. 8, 9; S. 16, 17; S. 26, 27 ←

Es kann zwischen Punktrechnung und Strichrechnung unterschieden werden. Auch Klammern sind wichtig.

Welche Rechnungen kann ich durchführen?

Welcher Zusammenhang besteht zwischen Potenzen und der Multiplikation?

Warum sollte ich bei Rechnungen nicht vergessen, Proben durchzuführen?

Überschlagsrechnungen sind bedeutsam, um Rechenfehler zu erkennen.

Rechnen mit natürlichen Zahlen

Mithilfe von Rechengesetzen kann ich Rechenvorteile nutzen.

Worauf muss ich bei schriftlichen Rechnungen achten?

Wie rechne ich schnell Überschläge im Kopf?

Diese Inhaltsübersicht soll dir helfen, schnell zu erfassen, welche Zusammenhänge und Begriffe mit dem Thema verbunden sind. Du kannst und solltest die Übersicht auch nach deinen eigenen Vorstellungen erweitern bzw. ergänzen, sodass sie dir auch bei der Bearbeitung der Aufgaben nützlich sein kann.

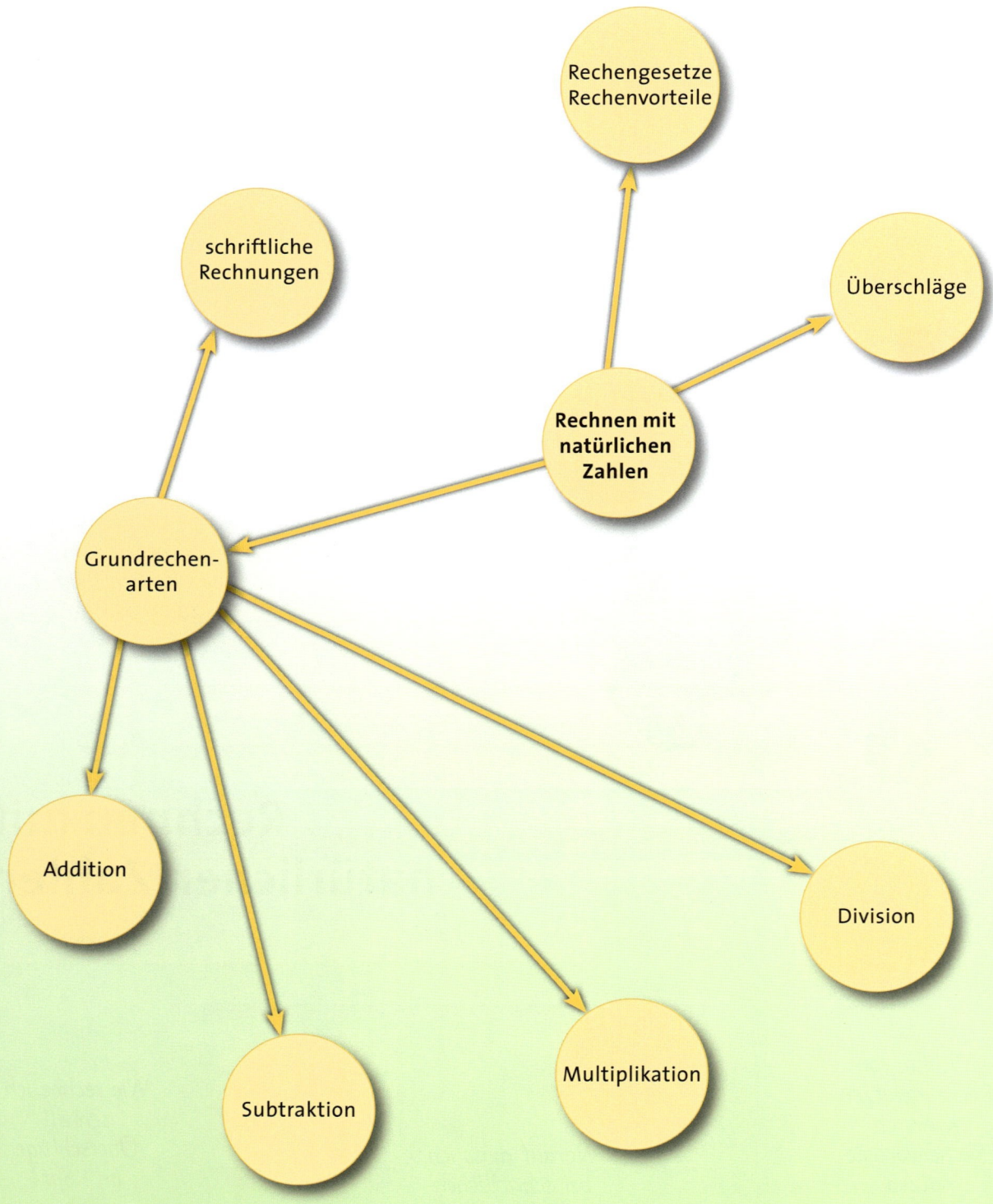

Inhalt	Beispiel

Addition
  1. Summand + 2. Summand = Wert der Summe
Subtraktion
  Minuend – Subtrahend = Wert der Differenz
Multiplikation
  1. Faktor · 2. Faktor = Wert des Produktes
Division
  Dividend : Divisor = Wert des Quotienten

$8 + 12 = 20$; umgekehrt: $20 - 12 = 8$; $20 - 8 = 12$

$30 - 17 = 13$; umgekehrt: $13 + 17 = 30$

$4 \cdot 12 = 48$; umgekehrt: $48 : 12 = 4$; $48 : 4 = 12$

$42 : 6 = 7$; umgekehrt: $7 \cdot 6 = 42$

Generell gilt: Klammerinhalte werden zuerst berechnet, sonst gilt: Punktrechnung vor Strichrechnung.
Potenzen werden noch vor der Punktrechnung berechnet.

$5 \cdot (8 - 2) = 5 \cdot 6 = 30$
$30 + 5 \cdot 4 = 30 + 20 = 50$
$3^2 \cdot 4 = (3 \cdot 3) \cdot 4 = 9 \cdot 4 = 36$

Bei der Addition und bei der Multiplikation gilt das Kommutativgesetz: Summanden bzw. Faktoren können vertauscht werden, ohne dass sich das Ergebnis ändert.

$8 + 5 = 13$; $5 + 8 = 13$
$4 \cdot 9 = 36$; $9 \cdot 4 = 36$

Bei der Addition und bei der Multiplikation gilt das Assoziativgesetz: Bei mehreren Summanden bzw. Faktoren können Klammern beliebig gesetzt bzw. auch weggelassen werden, ohne dass sich das Ergebnis ändert.

$(3 + 5) + 8 = 8 + 8 = 16$; $3 + (5 + 8) = 3 + 13 = 16$
$(2 \cdot 5) \cdot 7 = 10 \cdot 7 = 70$; $2 \cdot (5 \cdot 7) = 2 \cdot 35 = 70$

Anwendungen des Distributivgesetzes sind das Ausmultiplizieren und Ausklammern.

$(3 + 5) \cdot 9 = 3 \cdot 9 + 5 \cdot 9 = 27 + 45 = 72$
$4 \cdot (7 - 3) = 4 \cdot 7 - 4 \cdot 3 = 28 - 12 = 16$
$24 + 36 = 4 \cdot 6 + 6 \cdot 6 = (4 + 6) \cdot 6$

Bei der schriftlichen Addition/Subtraktion werden Einer, Zehner, Hunderter, … nacheinander (stellengerecht) addiert/subtrahiert.

```
  238      Einer      4 + 8 = 12 (Übertrag 1)
+ 354      Zehner     1 + 5 + 3 = 9
    1      Hunderter  3 + 2 = 5
─────
  592
```

```
  742      Einer      4 + 8 = 12      (Übertrag 1)
- 584      Zehner     1 + 8 + 5 = 14  (Übertrag 1)
   11      Hunderter  1 + 5 + 1 = 7
─────
  158
```

Bei der schriftlichen Multiplikation wird stellengerecht multipliziert und die Zwischenwerte werden addiert.

```
526 · 37
15 780
 3 682
──────
19 462
```

Bei der schriftlichen Division wird stellengerecht dividiert. Dabei kann ein Rest bleiben.
Für die Angabe des Restes gibt es verschiedene Schreibformen.

```
78 : 5 = 15  Rest 3     (auch so: … = 15 + 3 : 5)
- 5            (1 · 5 = 5)
 28
- 25          (5 · 5 = 25)
  3
```

Vorwissen

Aufgabe	w	f	Bemerkungen oder richtige Lösungen	Richtig gelöst? ✓
1 Der Vorgänger der Zahl 436 ist 435 und der Zahl 1500 ist 1599.				
Die folgenden Zahlen sind in aufsteigender Reihenfolge geordnet. 152, 159, 618, 621, 998, 10 018, 2395				
375 ergibt auf Zehner gerundet 380 und auf Hunderter gerundet 400.				
Verdopplungen: 12, 24, 36, 72, …				
Eine Pizza kostet 4,20 €. Eineinhalb Pizzen kosten also 6,30 €.				
$75\,493 + 6172 - 5398 \approx$ $76\,000 + 6000 - 5000 = 77\,000$				

Umgang mit Zahlen **S. 44, Nr. 1, 2, 3, 4, 5; S. 45, Nr. 6, 7** ←

2 In der Stellenwerttafel ist mit Plättchen eine Zahl dargestellt:

ZT	T	H	Z	E
● ●●	● ●	●	●●●●	●●

	w	f	Bemerkungen	✓
Es ist die Zahl 32 152, das bedeutet $3 \cdot 10\,000 + 2 \cdot 1000 + 1 \cdot 100 + 5 \cdot 10 + 2 \cdot 1$				
Wenn man ein Plättchen bei der Tausenderstelle entfernt, handelt es sich um die Zahl 31 162.				
Wenn man ein Plättchen bei der Hunderterstelle entfernt und eines bei der Tausenderstelle hinzufügt, handelt es sich um die Zahl 32 062.				

Stellenwertsystem **S. 45, Nr. 8** ←

3	w	f	Bemerkungen	✓
$6750 + 8450 = 15\,200$				
$1\,000\,000 + 8430 = 1\,008\,430$				
$751 - 376 = 475$				
$3840 - 2650 = 1290$				
$27\,000 + 3000 - 900 = 30\,100$				
$15\,000 - 7000 + 500 = 8500$				

Addieren und subtrahieren **S. 45, Nr. 9, 10; S. 46, Nr. 11** ←

geübt?

geübt?

Aufgabe	w	f	Bemerkungen oder richtige Lösungen	Richtig gelöst? ✓
4 $\quad$ $12 \cdot 9 = 118$				
$23 \cdot 7 = 161$				
$96 : 8 = 13$				
$156 : 6 = 26$				
$(45 : 5) \cdot 8 = 64$				
$(3 \cdot 8) : 12 = 2$				
Multiplizieren und dividieren			S. 46, Nr. 12, 13; S. 47, Nr. 14 ←	

geübt?

Aufgabe	w	f	Bemerkungen oder richtige Lösungen	Richtig gelöst? ✓
5 $\quad$ $4\,km\ 35\,m = 4035\,m$				
$8,09\,t = 8\,t\ 9\,kg$				
$25\,cm = 2,5\,m$				
$740\,000\,g = 740\,kg$				
$75\,min = 1\,h$				
$2\,h\ 35\,min + 1\,h\ 54\,min = 4\,h\ 19\,min$				
Größen			S. 47, Nr. 15 ←	

geübt?

Aufgabe	w	f	Bemerkungen oder richtige Lösungen	Richtig gelöst? ✓
6 $\quad$ Für Sandra wird neue Sportbekleidung gekauft. Für 25 € erhält sie einen Sportdress. Dazu kommt eine Radlerhose für 17 € und Sportsocken für 9 €. Sandra meint, ein 50-Euro-Schein hat für diesen Einkauf gereicht.				
Ein Gärtner bepflanzt rechteckige Blumenkästen mit Petunien. 3 Kästen werden dabei mit je 5 Blumen, 7 Kästen mit je 4 Blumen und 6 Kästen mit je 7 Blumen bestückt. Er hat im Großmarkt 7 Kartons mit jeweils 12 Petunien gekauft. Als er alles bepflanzt hat, bleibt noch eine Pflanze übrig.				
Sachaufgaben			S. 47, Nr. 16, 17 ←	

geübt?

Vorwissen

Basisaufgaben

1 Welche natürlichen Zahlen kannst du einsetzen, sodass die Aufgabe richtig ist?

a) $\square + 36 < 41$ _____

b) $54 + \square > 62$ _____

c) $117 + \square < 203$ _____

d) $\square + 215 = 450$ _____

e) $60 - \square = 35$ _____

f) $\square - 15 > 42$ _____

g) $\square - 158 < 60$ _____

h) $478 - \square > 395$ _____

2 Setze >, < oder = richtig ein.

a) $126 - 38 \; \square \; 126 + 38$

b) $538 + 271 \; \square \; 271 + 538$

c) $619 - 347 \; \square \; 519 - 247$

d) $629 - 508 \; \square \; 631 - 508$

e) $740 + 52 \; \square \; 750 + 32$

f) $1320 - 250 \; \square \; 1150 + 20$

3 Vervollständige die Tabelle.

Vorgänger	Zahl	Nachfolger
	871	
	10 389	
		4120
26 378		
	246 000	
	700 000	

4 Ordne die Zahlen:
   a) in absteigender Reihenfolge: 152; 141; 98; 187; 87; 108; 126; 97; 158; 113; 129; 81; 135

   _____

   b) in aufsteigender Reihenfolge: 2198; 1659; 1783; 2608; 2193; 1985; 1634; 2305; 1519; 1988; 2098

   _____

5 Runde die Zahl auf Hunderter (H), Tausender (T) und Zehntausender (ZT).

a) 26 304   H: _____   T: _____   ZT: _____

b) 34 678   H: _____   T: _____   ZT: _____

c) 119 571   H: _____   T: _____   ZT: _____

d) 45 649   H: _____   T: _____   ZT: _____

e) 208 549   H: _____   T: _____   ZT: _____

6 Gib eine Ziffer an, die eingesetzt werden muss, sodass sich die gerundete Zahl ergibt.

a) $6\boxed{}9 \approx 670$

b) $\boxed{}75 \approx 400$

c) $2\boxed{}198 \approx 23\,000$

d) $1\boxed{}621 \approx 20\,000$

e) $\boxed{}49\,899 \approx 300\,000$

f) $52\boxed{}601 \approx 522\,000$

7 Mache im Kopf eine Überschlagsrechnung und kreuze das mögliche Ergebnis an.

a) $68\,135 + 17\,916 - 7710$ ☐ 76361 ☐ 78341 ☐ 773511

b) $24\,631 + 35\,107 + 46\,801$ ☐ 106539 ☐ 98389 ☐ 104589

c) $6183 + 17\,915 - 4861$ ☐ 18247 ☐ 19237 ☐ 20957

d) $1681 + 3508 - 721$ ☐ 4278 ☐ 4698 ☐ 4468

Stellenwertsystem

8 Übertrage die Zahlen in die Stellenwerttafel und schreibe jeweils die Zahl auf, die zehnmal so groß ist.

	M	HT	ZT	T	H	Z	E
68 103							
241 875							
870 631							
1 001 001							
3084							
908 364							
3 041 572							
58 631							

Addieren und subtrahieren

9 Rechne im Kopf.

a) $250 + \underline{} = 1000$

b) $250 + \underline{} = 1500$

c) $2381 + \underline{} = 3000$

d) $7961 + \underline{} = 10\,000$

e) $6458 + \underline{} = 8000$

f) $15\,260 + \underline{} = 20\,000$

10 Rechne im Kopf.

a) $78 + 46 = \underline{}$

b) $93 + 145 = \underline{}$

c) $521 + 687 = \underline{}$

d) $48 - 19 = \underline{}$

e) $86 - 57 = \underline{}$

f) $308 + 1412 = \underline{}$

g) $731 - 655 = \underline{}$

h) $1298 - 726 = \underline{}$

i) $2457 + 553 = \underline{}$

11 Finde das zugehörige Ergebnis zur Aufgabe und schreibe die gleiche Nummer in das freie Feld.

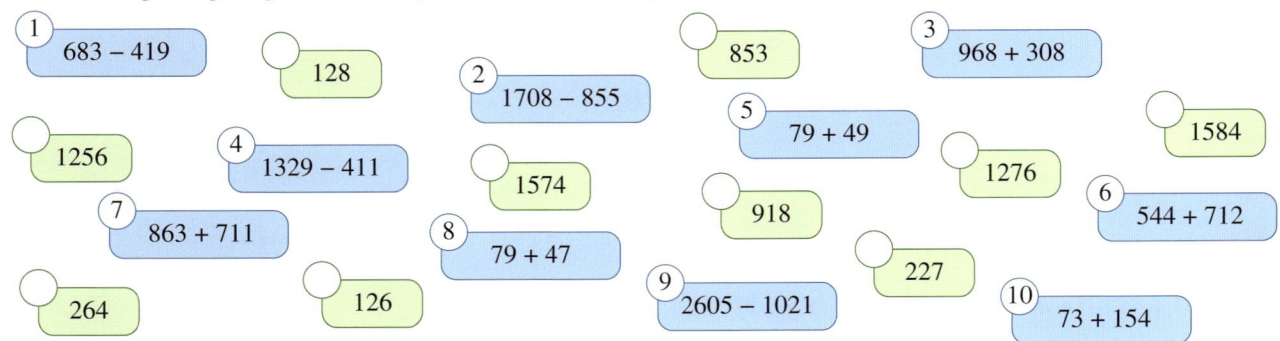

1 | 683 − 419

128

2 | 1708 − 855

853

3 | 968 + 308

5 | 79 + 49

1584

1256

4 | 1329 − 411

1574

918

1276

6 | 544 + 712

7 | 863 + 711

8 | 79 + 47

227

264

126

9 | 2605 − 1021

10 | 73 + 154

Multiplizieren und dividieren

12 Setze die Rechenschlangen fort. Welche Zahl steckt hinter dem Fragezeichen im Schlangenkopf?

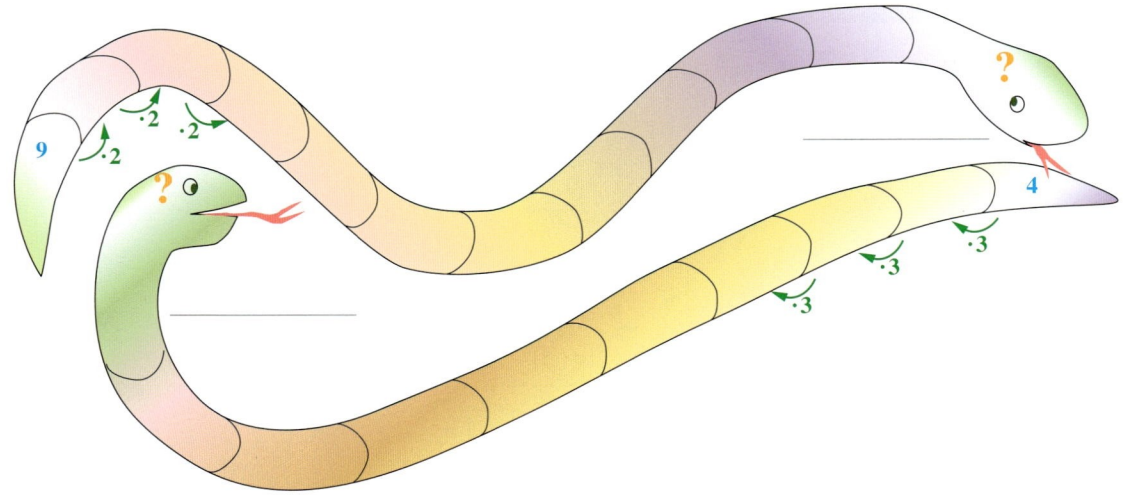

13 Fülle die Lücken im Rechenrad aus.

a)
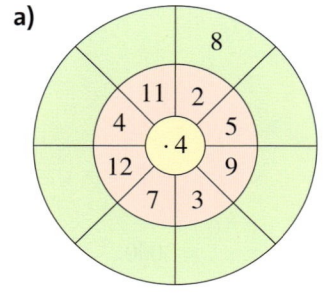

b)

c)

d)
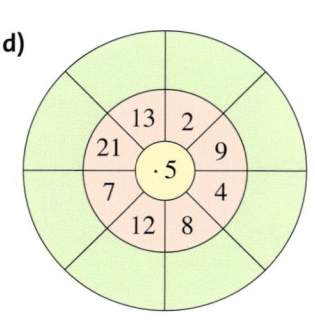

e)
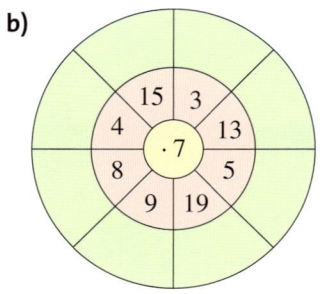

f)
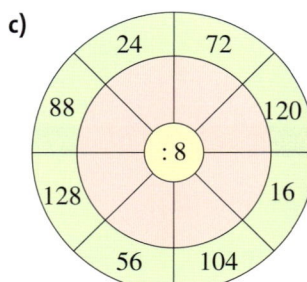

14 Rechne im Kopf.

a) $18 \cdot 8 =$ _____

b) $72 : 9 =$ _____

c) $21 \cdot 7 =$ _____

d) $45 \cdot 3 =$ _____

e) $45 : 3 =$ _____

f) $1024 : 2 =$ _____

g) $5 \cdot 83 =$ _____

h) $98 : 14 =$ _____

i) $4 \cdot 55 =$ _____

Größen

15 Wandle in die vorgegebene Einheit um.

a) $1026 \, \text{cm}$ (m) _____

b) $0,05 \, \text{t}$ (kg) _____

c) $254 \, \text{min}$ (h und min) _____

d) $8907 \, \text{g}$ (kg) _____

e) $58 \, \text{dm}$ (mm) _____

f) $\frac{1}{4}\text{h}$ (s) _____

Sachaufgaben

16 Linus hat zu seinem Geburtstag 5 Freunde eingeladen. Seine Mutter hat 3 Bleche mit Muffins gebacken. Jedes Blech enthält 12 Muffins. Wie viele Muffins kann jedes der Kinder essen?

_____

_____

17 Familie Hüttinger will mit ihren drei Kindern Anna (10 Jahre), Lukas (7 Jahre) und Felicia (5 Jahre) ins Erlebnisbad Aqualand gehen. An der Kasse grübeln die Eltern über die richtige Strategie zum Kauf der Eintrittskarten. Sie wollen mindestens drei Stunden im Bad bleiben.

a) Sollen sie einzelne Karten lösen oder zur Familienkarte greifen? Was rätst du den Eltern? Begründe deine Antwort mit Rechnungen.

_____

_____

_____

Preise

	Erw.	Kinder (4–15 J.)	Familien (2 Erw. und bis zu 2 Kinder)
2 h	8,00 €	5,50 €	–
4 h	9,00 €	6,50 €	23,00 €
Tageskarte	10,50 €	8,00 €	26,00 €
Sauna			
2 h	14,00 €	13,00 €	
4 h	16,00 €	15,00 €	
Tageskarte	18,00 €	17,00 €	

b) Wie viel Geld spart die Familie bei einem Ganztagesbesuch im Bad, wenn sie die Familienkarte nutzen, anstatt Einzelkarten für jedes Familienmitglied zu kaufen?

_____

_____

c) Wie viel kostet insgesamt der vierstündige Besuch des Bades mit der ganzen Familie und mit Vaters zusätzlicher zweistündiger Saunanutzung?

_____

_____

Vorwissen

1 Erfülle die folgenden Aufträge.

a) Runde auf Tausender: $38\,601 \approx$ _____ $678\,497 \approx$ _____

b) Gegeben ist 4200. Vorgänger: _____ Nachfolger: _____

c) Zwei Schokoriegel kosten 1,90 €. Gib an, wie viel ein Riegel kostet, wie viel vier Riegel kosten.

_____   _____

d) Ordne die Zahlen in absteigender Reihenfolge, indem du sie mit 1 bis 10 nummerierst.

__ 2346; __ 2481; __ 3021; __ 2399; __ 3109; __ 2614; __ 2889; __ 2459; __ 2901; __ 2708

Umgang mit Zahlen  8

2 Überschlage im Kopf das Ergebnis und schreibe den Näherungswert auf.

a) $156 + 689 + 345$ $\approx$ _____ b) $6809 + 7381 - 252$ $\approx$ _____

c) $10\,891 - 3432 - 5401$ $\approx$ _____ d) $25\,134 + 11\,089 - 6259$ $\approx$ _____

e) $766 + 14\,316 - 2504$ $\approx$ _____ f) $66\,789 - 25\,961 - 12\,847$ $\approx$ _____

Umgang mit Zahlen  6

3 Übertrage die Zahlen in die Stellenwerttafel und schreibe die Zahl auf, die der zehnte Teil davon ist.

	M	HT	ZT	T	H	Z	E
45 890							
4 344 300							
102 000							

_____

_____

_____

Stellenwertsystem  6

4 Bestimme die fehlende Zahl.

a) $250 + 268 =$ _____ b) $430 +$ _____ $= 1000$ c) $325 - 175 =$ _____

d) _____ $- 93 = 162$ e) $5784 +$ _____ $= 10\,000$ f) _____ $+ 846 = 2050$

Addieren und subtrahieren 6

5 Bestimme die fehlenden Zahlen in der Additionspyramide.

a)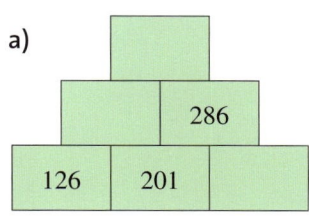

b)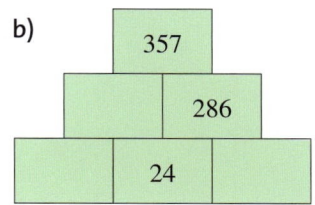

c)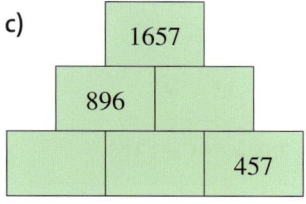

Addieren und subtrahieren  9

6 Bestimme die fehlende Zahl.

a) $23 \cdot 9 = $ _____

b) $119 : 17 = $ _____

c) _____ $\cdot 8 = 4816$

d) _____ $: 14 = 7$

e) $52 \cdot$ _____ $= 468$

f) $1024 :$ _____ $= 256$

g) _____ $\cdot 13 = 91$

h) $65 :$ _____ $= 5$

i) $27 \cdot$ _____ $= 27\,000$

Multiplizieren und dividieren  9

7 Wandle in die in Klammern angegebene Einheit um.

a) $19\,m\,5\,dm$ (cm) _____

b) $32,08\,€$ (Ct) _____

c) $4\,t\,56\,kg$ (g) _____

d) $3452\,mm$ (m) _____

e) $6\,h\,45\,min$ (min) _____

f) $\frac{1}{2}\,km$ (m) _____

Größen  6

8 Lisa kauft im Buchladen für $14,89\,€$ ein. Wie viel Geld bekommt sie in jedem der drei Fälle zurück, wenn sie mit einem 20-€-Schein bzw. mit einem 10-€-Schein und einem 5-€-Schein bzw. mit einem 50-€-Schein bezahlt?

_____

_____

_____

Sachaufgaben  3

Solltest du bei Aufgaben noch weiteren Übungsbedarf haben, dann schau in der Ausgangsdiagnose nach, welches Angebot dir zu dem jeweiligen Thema zur Verfügung steht.

S. 42, 43 ←

Addition und Subtraktion

Aufgabe	w	f	Bemerkungen oder richtige Lösungen	Richtig gelöst? ✓
1 97 − 33 = 54				
764 + 551 = 1315				
6700 − 3443 = 3357				
97 − 49 + 53 = 102				
Das Ergebnis einer Addition wird als „Wert der Summe" bezeichnet.				
Der Minuend ist 84. Der Wert der Differenz ist 37. Dann ist der Subtrahend 47.				
In der Gleichung 15 + 8 = 23 ist 15 der 1. Faktor und 8 der 2. Faktor der Summe.				

Kopfrechnen und Grundbegriffe S. 52, Nr. 1, 2, 3, 4; S. 53, Nr. 5 ←

Aufgabe	w	f	Bemerkungen oder richtige Lösungen	Richtig gelöst?
2 Abschätzen durch Überschlag:				
1392 + 813 ≈ 2100				
998 + 149 + 659 ≈ 1810				
76 831 − 24 629 ≈ 40 000				
8647 − 2589 − 1817 ≈ 4000				
5176 + 6392 + 49 149 + 17 777 ≈ 68 000				
36 578 + 3812 − 16 811 ≈ 24 000				

Überschlag S. 53, Nr. 6 ←

Aufgabe	w	f	Bemerkungen oder richtige Lösungen	Richtig gelöst?
3 15 + 46 + 95 + 24 = 46 + 24 + 15 + 95 = (46 + 24) + (15 + 95) = 70 + 110 = 180				
(203 + 48) + 27 = (203 + 27) + 48 = 230 + 48 = 278				
307 − (17 + 100) = (307 − 17) + 100 = 390				
Das Assoziativgesetz der Addition besagt, dass in einer Summe die Summanden beliebig vertauscht werden dürfen.				
Nach dem Kommutativgesetz gilt: 56 − 106 = 106 − 56 = 50				

Rechenvorteile – Rechengesetze S. 53, Nr. 7, 8; S. 54, Nr. 9 ←

geübt? (Randspalte, dreimal)

Aufgabe	w	f	Bemerkungen oder richtige Lösungen	Richtig gelöst? ✓
4 2385 + 5413 ——— 7798				
6783 + 5019 ——— 11092				
387 + 512 + 629 ——— 1528				
Schriftliches Addieren			**S. 54, Nr. 10, 11, 12, 13; S. 55, Nr. 14** ←	
5 8605 − 5324 ——— 3381				
45 413 − 8514 ——— 36 809				
471 − 103 − 29 ——— 329				
Schriftliches Subtrahieren			**S. 55, Nr. 15, 16, 17; S. 56, Nr. 18, 19, 20, 21** ←	
6 $8365 - 3129 + 878 = 6214$				
$318\,426 + 29\,109 - 109\,562 = 237\,973$				
Rechnungen mit gleichen Ergebnissen: $250 - (46 + 19)$ und $250 - 46 + 19$; $250 - (46 - 19)$ und $250 - 46 - 19$				
Gemischtes Rechnen			**S. 57, Nr. 22, 23, 24, 25; S. 58, Nr. 26, 27** ←	
7 Fortsetzung der Zahlenreihe:				
12; 21; 32; 45; 59; 74; …				
30; 35; 29; 34; 28; 33; 27; …				
Zahlenreihen			**S. 58, Nr. 28** ←	

(rechte Randspalte, wiederholt: geübt?)

Hast du alles richtig gemacht bzw. hast du entsprechend geübt, solltest du auf jeden Fall auch komplexe Aufgaben lösen, bevor du dich dem nächsten Thema widmest.

S. 59, Nr. 29, 30, 31, 32 ←

Addition und Subtraktion

Basisaufgaben

1 Rechne im Kopf

a) $6 + 11 - 9 + 3 + 7 - 5 =$ _____

b) $23 - 16 + 12 + 18 - 11 + 9 - 13 =$ _____

c) $43 + 37 + 24 + 56 + 19 + 21 =$ _____

d) $110 - 70 + 160 + 130 - 50 =$ _____

e) $5000 + 2300 - 1400 + 3100 =$ _____

f) $6100 + 570 + 3400 - 620 =$ _____

2 Bestimme die fehlenden Zahlen in der Additionspyramide.

a)
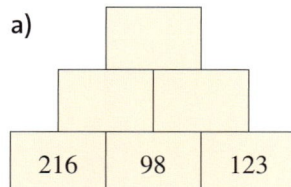

b)
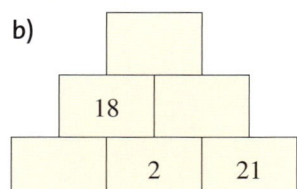

c)
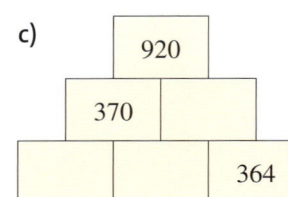

d)
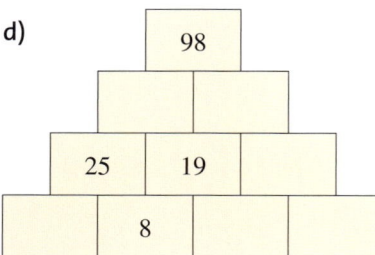

e)
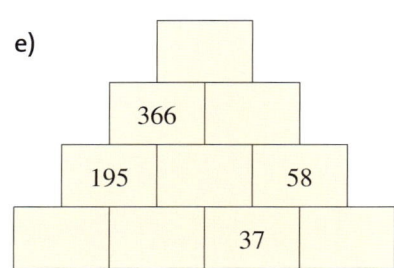

3 Verbinde Begriffe in einer logischen Reihenfolge.

Wert der Summe	Wert der Differenz	Minuend	1. Summand

Subtrahend	Addition	2. Summand	Subtraktion

4 Schreibe den Text mit mathematischen Zeichen.

a) Bilde die Summe aus 216 und 381. _____

b) Finde zum Subtrahenden 13 den passenden Minuenden, sodass die Differenz den Wert 72 hat. _____

c) Nenne zwei Summanden, deren Summe den Wert 315 hat. _____

d) Der 2. Summand ist doppelt so groß wie der 1. Summand und der Wert der Summe ist 42. Gesucht ist der 1. Summand. _____

e) Der Minuend ist 118. Der Wert der Differenz beträgt 57. _____

f) Addiere zur Differenz der Zahlen 209 und 116 die Zahl 17. _____

5 In einem magischen Quadrat ergibt sich in jeder Spalte, jeder Zeile und jeder der beiden Diagonalen der gleiche Wert der Summe. Dieser wird auch magische Zahl genannt. Ergänze das magische Quadrat und finde die magische Zahl.

a)

8	3	4
6		

b)

71		
	59	
101		47

c)

	2	3	13
5		10	8
	7		
4			1

Überschlag

6 Überschlage das Ergebnis und finde dadurch das Lösungswort.

a) $871 + 212$ ≈ _____ ____

b) $1637 + 889$ ≈ _____ ____

c) $341 + 576 + 108$ ≈ _____ ____

d) $987 - 536 + 235$ ≈ _____ ____

e) $23\,578 + 55\,695$ ≈ _____ ____

f) $16\,810 + 23\,197 + 25\,309$ ≈ _____ ____

g) $98\,101 + 27\,450 + 19\,683$ ≈ _____ ____

h) $56\,823 + 21\,901 + 47\,375 + 12\,719$ ≈ _____ ____

Lösungswort: 145 234 (I); 65 316 (E); 1083 (E); 79 271 (T); 2526 (I); 138 818 (N); 686 (S); 1025 (N)

_____

Rechenvorteile – Rechengesetze

7 Rechne vorteilhaft, indem du die Reihenfolge der Summanden vertauschst und geschickt zusammenfasst.

a) $16 + 5 + 24 + 15$ _____

b) $198 + 295 + 15 + 18$ _____

c) $267 + 46 + 33 + 154 + 163$ _____

d) $32 + 16 + 73 + 54 + 68 + 101 + 97$ _____

e) $461 + 83 + 35 + 167 + 249$ _____

8 Addition und Subtraktion sind zueinander umgekehrte Rechenoperationen. Zum Beispiel lässt sich das Addieren der Zahl 5 durch Subtrahieren der Zahl 5 rückgängig machen. Nutze diese Erkenntnis zur Kontrolle der Rechenergebnisse und korrigiere falls nötig.

a) $156 + 381 = 537$ _____

b) $347 + 296 = 653$ _____

c) $488 + 147 = 635$ _____

d) $476 + 935 = 1401$ _____

e) $282 + 1709 = 1891$ _____

Addition und Subtraktion

9 Suche Fehler und berichtige.

a) 246 − 88 + 12 = 246 − 100 = 146 _____

b) 150 − 73 − 23 = 150 − 50 = 100 _____

c) 657 − 125 + 47 + 35 = 657 − 47 + 125 + 35 = 610 + 160 = 770

_____

Schriftliches Addieren

10 Addiere schriftlich.

a)	b)	c)	d)	e)	f)	g)
958	1375	5094	291 874	196	59	7205
+312	+9681	+3627	+762 529	+368	+6018	+76 832
				+521	+ 333	+ 17
					+1974	+ 5365

11 Schreibe die Summanden stellengerecht untereinander und addiere schriftlich.

a) 376 + 985

b) 785 + 1629

c) 706 + 45 + 3172

12 Setze die richtigen Ziffern ein.

a)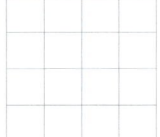

b)

c)

13 Hier wurden Fehler gemacht. Finde und beschreibe sie. Korrigiere auch die Fehler.

a)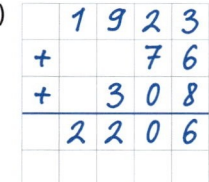

b)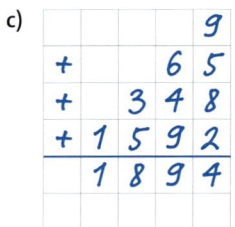

c)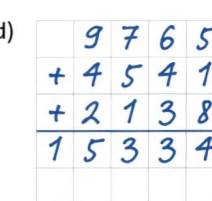

d)
```
  9 7 6 5
+ 4 5 4 1
+ 2 1 3 8
1 5 3 3 4
```

a) _____

b) _____

c) _____

d) _____

14 Die Tabelle enthält Angaben zu den Einwohnern Deutschlands nach Alterklassen. Berechne die angegebenen Einwohnerzahlen. Schreibe zum Beispiel: *insgesamt 79 850 Tsd.*

	0–14	15–20	21–39	40–59	60–64	ab 65	insgesamt
West							
1950	11 850	4450	13 190	14 310	2340	4810	50 950
2005	9870	4490	16 340	18 930	3600	12 470	65 700
Ost							
1950	4200	1590	4100	5520	1030	1940	18 380
2005	1780	1280	4120	5090	1070	3400	16 740

(Angaben in Tausend)

a) Im Jahr 2005 lebten in Deutschland

_____ Menschen.

b) Im Jahr 1950 waren in Deutschland

_____ Menschen unter 21 Jahre alt.

c) Im Jahr 2005 waren in Ostdeutschland _____ Menschen über 39 Jahre alt.

Schriftliches Subtrahieren

15 Subtrahiere schriftlich.

a)
```
  196
-  85
_____
```

b)
```
  903
- 679
_____
```

c)
```
 6666
-  999
_____
```

d)
```
 4132
-  965
_____
```

e)
```
  986
-  42
-  13
_____
```

f)
```
 6324
-1518
-2065
_____
```

g)
```
 29 205
-  6 981
-  7 426
- 14 017
_____
```

16 Schreibe Minuend und Subtrahend stellengerecht untereinander und subtrahiere schriftlich.

a) 516 – 77

b) 6381 – 579

c) 63 721 – 15 879

d) 324 – 54 – 128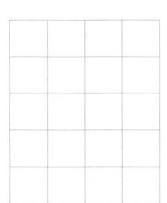

e) 41 578 – 579 – 9308 – 17 432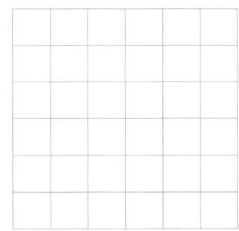

17 Setze die richtigen Ziffern ein.

a)
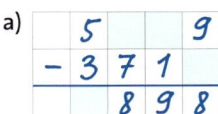
```
  5 _ 9
-3 7 1
_____
  8 9 8
```

b)
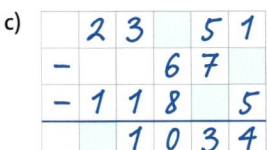
```
1 7 _ 4
-  5 6 2
_____
  8 _ 9
```

c)
```
2 3 _ 5 1
-    6 7 _
-1 1 8 _ 5
_____
  1 0 3 4
```

18 Hier wurden Fehler gemacht. Finde und beschreibe sie. Korrigiere auch die Fehler.

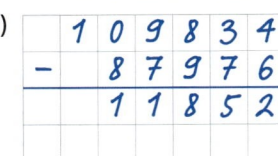

a)
```
    7 8 5 2
  - 4 9 4 3
    3 9 1 9
```

b)
```
  1 0 9 8 3 4
  -     8 7 9 7 6
      1 1 8 5 2
```

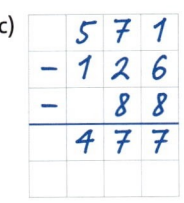

c)
```
    5 7 1
  - 1 2 6
  -     8 8
    4 7 7
```

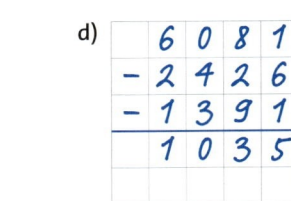

d)
```
    6 0 8 1
  - 2 4 2 6
  - 1 3 9 1
    1 0 3 5
```

a) _____

b) _____

c) _____

d) _____

19 Bestimme die fehlenden Zahlen in der Additionspyramide.

a)

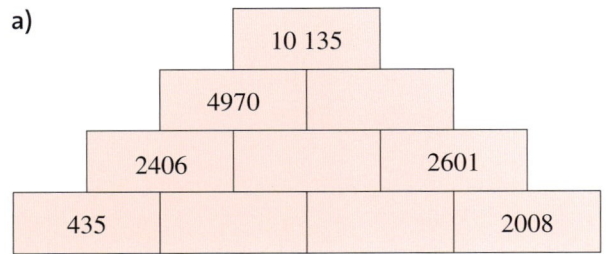

| 10 135 |
4970	
2406	2601
435		2008

b)

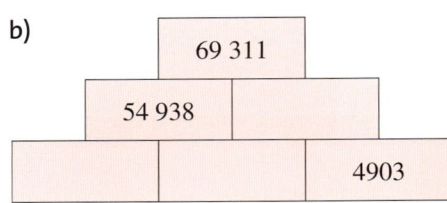

| 69 311 |
| 54 938 | |
| | 4903 |

20 Rechne und ergänze die Lücke im Text.

a) Der Minuend ist 581, der Subtrahend ist 374.

Der Wert der Differenz beträgt _____ .

b) Eine Differenz hat den Wert 2183. Der Subtrahend ist 6374.

Der Minuend beträgt _____ .

c) Eine Differenz hat den Wert 3078. Der Minuend ist 5971.

Der Subtrahend beträgt _____ .

d) Der Minuend ist um 310 größer als der Subtrahend 495.

Der Wert der Differenz beträgt _____ .

21 Ein Gärtner hat 738 Alpenveilchen herangezogen. Ein Großabnehmer holt davon 365 Stück für den Verkauf in einem örtlichen Supermarkt ab. Ein weiterer Kunde hat bereits 150 Pflanzen vorbestellt. Außerdem wurden an verschiedene Kunden 60 Stück, 24 Stück, 110 Stück und 15 Stück verkauft.

Rechne und ergänze: Es können jetzt noch _____ Alpenveilchen verkauft werden.

Gemischtes Rechnen

22 Berechne schriftlich und mache die Probe.

a) $3\,819\,567 + 5\,984\,395 = $ _____

b) $639\,785 - 599\,327 = $ _____

c) $49\,638\,025 - 34\,687\,447 = $ _____

d) $98\,352\,716 + 9\,724\,381 = $ _____

23 Ein Firmenlastwagen wird von verschiedenen Fahrern die Woche über gefahren. Jeder Fahrer schreibt die von ihm pro Fahrt gefahrenen Kilometer auf. Der Kilometerzähler zeigt jetzt einen Stand von 84 634 km an. Berechne, wie viele Kilometer innerhalb der letzten Woche gefahren wurden und welchen Stand der Kilometerzähler vor einer Woche hatte.

Huber 426 km, 118 km
Meyer 378 km
Schmidt 526 km, 92 km, 314 km
Sinzinger 127 km, 209 km
Zeitler 756 km

24 Berechne schriftlich.

a) $5871 - 692 + 1134 = $ _____

b) $16\,728 + 5353 - 19\,495 = $ _____

c) $27\,849 - 13\,627 + 5184 - 11\,779 = $

_____

d) $85\,441 + 20\,728 - 61\,374 - 42\,873 = $

_____

25 In einem Zoo springen 36 Affen durchs Gehege. Auch gibt es dort Antilopen zu bestaunen. Ihr Bestand ist um 15 größer als der der Affen. Der Zoo hat dreimal so viele Affen wie Löwen und von den Kängurus gibt es 7 Tiere mehr als Löwen. Wie viele Antilopen, Löwen und Kängurus leben insgesamt im Zoo?

_____

_____

_____

_____

Addition und Subtraktion

26 In einer großen Freibadanlage befinden sich an einem herrlichen Sommertag um 15 Uhr 4671 Badegäste. Um 17 Uhr wird überprüft, ob noch Besucher eingelassen werden dürfen, da das Bad nur für 5800 Gäste zugelassen ist.

Seit 15 Uhr, der letzten Kontrolle der Zählerstände an den Drehkreuzen der verschiedenen Ein- und Ausgänge, haben sich die in der Tabelle angegebenen Änderungen ergeben. Muss der Einlass gestoppt werden?

	Einlass	Auslass
Eingang Ost	621	212
Eingang West	855	708
Eingang Parkplatz	1328	731

27 Familie Bach plant die Anschaffung eines neuen Familienautos. Der Händler legt ihnen für das gewünschte Modell die Preisliste vor. Der Grundpreis beträgt 20 175 €. Weitere aufgelistete Extras müssen gesondert bezahlt werden. Frau Bach wünscht sich noch eine Klimaanlage, eine Metallic-Lackierung und ein Navigationssystem.

a) Wie teuer wäre das Auto?

Anhängevorrichtung	685 €
Dachreling	185 €
Gepäckraumabdeckung	212 €
Klimaanlage	1135 €
Leichtmetallräder	1230 €
Metallic-Lackierung	485 €
Nebelscheinwerfer	165 €
Netztrennwand	159 €
Radionavigationssystem	594 €
Schiebedach	827 €

b) Im Sondermodell „Komfort" sind schon eine Klimaanlage, Leichtmetallräder und ein Navigationssystem enthalten und es kostet 22 780 €. Wie viel spart sie beim Kauf des Sondermodells im Vergleich zu einem Modell mit diesen Extras?

Zahlenreihen

28 Setze die Zahlenreihe mindestens um weitere fünf Zahlen folgerichtig fort.

a) 7; 12; 17; 22; ...

b) 18; 21; 26; 33; 42; ...

c) 512; 588; 664; 740; ...

d) 15; 23; 17; 25; 19; ...

e) 4; 6; 10; 18; 34; ...

f) 83; 93; 78; 88; 73; ...

Komplexe Aufgaben

29 Carl Friedrich Gauß (1777–1855) war ein berühmter deutscher Mathematiker und Physiker. Von seiner Schulzeit erzählt man sich diese Begebenheit: Der Rechenlehrer stellte seinen Schülern die Aufgabe, die Zahlen 1 bis 100 zu addieren. Er hatte offenbar die Hoffnung, dass die Schüler mit dieser Aufgabe länger beschäftigt sein würden. Doch überraschenderweise löste der damals neunjährige Gauß die Aufgabe in kürzester Zeit. Er hatte dabei Zahlen geschickt zusammengefasst. Versuche, die Aufgabe ebenfalls auf diese Weise zu lösen. Berechne dann die Summe aus 1 bis 50 nach demselben System.

30 Jeder Buchstabe steht für eine Ziffer. Also bedeuten gleiche Buchstaben auch gleiche Ziffern. Welche Rechnung verbirgt sich dahinter. Gibt es nur eine Möglichkeit?

```
  D U
+ I C H
  W I R
```

```
  S E N D
+ M O R E
M O N E Y
```

31 Ein Geschäftsmann aus Dortmund möchte mit dem Zug nach Ingolstadt reisen und etwa um 12 Uhr ankommen.

a) Welchen Zug empfiehlst du?

Wie lange ist er mit diesem Zug unterwegs?

b) Wie lange wäre er unterwegs, wenn er von Dortmund mit dem RE 4310 abfahren würde?

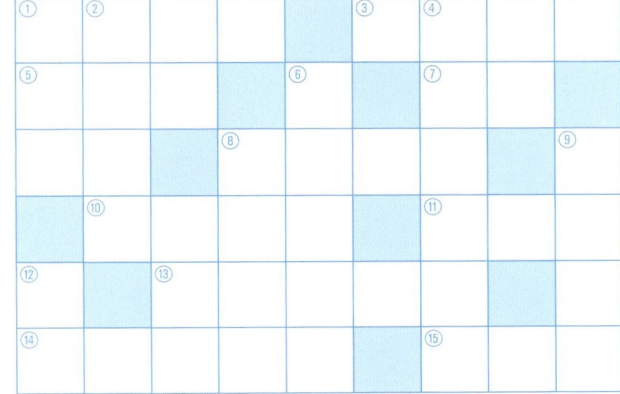

Dortmund Hbf → Ingolstadt Hbf

Ab	Zug		Umsteigen	An	Ab	Zug		An	Verkehrstage	
2:03	IC 2021		Köln Hbf	3:36	4:20	ICE 521			Mo - Sa	01
			Würzburg Hbf	7:03	7:29	ICE 781		8:59		
3:14	ICE 949		Hannover Hbf	4:58	5:26	ICE 781		8:59	Mo	
4:01	ICE 523		Nürnberg Hbf	8:59	9:10	RE 4007		9:56	Mo - Sa	01
4:33	ICE 23		Köln Hbf	5:46	5:54	ICE 511			täglich	
			Augsburg Hbf	9:50	10:47	RB 37415		11:41		
4:33	ICE 23		Nürnberg Hbf	10:28	11:10	RE 4011		11:55	täglich	
5:13	ICE 1825		Würzburg Hbf	9:03	9:31	ICE 783		10:59	Sa	02
5:23	ICE 525		Würzburg Hbf	9:03	9:31	ICE 783		10:59	Mo - Fr	03
5:37	ICE 501		F-Flugh Fernbf	7:51	8:01	ICE 23			Mo - Sa	
			Würzburg Hbf	9:25	9:31	ICE 783		10:59		
5:37	ICE 501		F-Flugh Fernbf	7:51	8:01	ICE 23			täglich	
			Nürnberg Hbf	10:28	11:10	RE 4011		11:55		
5:52	EC 115		Augsburg Hbf	12:36	12:47	RB 37419		13:41	täglich	
6:23	ICE 527		Nürnberg Hbf	10:59	11:10	RE 4011		11:55	Mo - Sa	
6:44	IC 2355		KS-Wilhelmsh.	8:57	10:23	ICE 785		12:59	täglich	
6:48	ICE 843		Hannover Hbf	8:28	9:26	ICE 785		12:59	täglich	
7:06	RE 4308		Essen Hbf	7:30	7:53	ICE 529			Mo - Sa	04
			Würzburg Hbf	11:03	11:29	ICE 785		12:59		
7:23	ICE 529		Würzburg Hbf	11:03	11:29	ICE 785		12:59	Sa, So	05
7:45	RE 10110		Essen Hbf	8:07	8:23	IC 119			täglich	
			Stuttgart Hbf	12:46	12:53	IC 2369				
			Augsburg Hbf	14:36	14:47	RB 37423		15:42		
8:06	RE 4310		Essen Hbf	8:30	8:40	ICE 621			täglich	03
			Nürnberg Hbf	12:59	13:10	RE 4013		13:55		

32 Löse das Kreuzzahlrätsel. Verwende für die Rechnungen ein gesondertes Blatt.

Waagerecht:
① 6241 – 1866
③ 6751 – 3503
⑤ 589 – 423
⑦ 1507 – 1462
⑧ 1617 + 3872
⑩ 987 + 3404
⑪ 19 134 – 18 608
⑬ 14 854 + 8758
⑭ 25 794 + 45 021
⑮ 29 + 157

Senkrecht:
① 753 – 335
② 1845 + 1839
④ 318 417 – 68 896
⑥ 57 846 – 23 681
⑨ 2941 + 665
⑫ 9 + 8

Addition und Subtraktion

Kreuze gleich nach der Fertigstellung der Aufgabe an, wie du mit der Lösung der Aufgabe zurechtgekommen bist.
Trage später nach dem Vergleich mit den Lösungen ein, wie viele Aufgaben du richtig gelöst hast.

1 Ergänze.

a) $483 + 594 =$ _____

b) $263 +$ _____ $= 491$

c) Minuend minus _____ gleich Wert der Differenz

d) Eine Addition von 3 kann durch eine _____ von 3 rückgängig gemacht werden.

Kopfrechnen und Grundbegriffe  4

2 Überschlage, welche Zahl in der Lücke stehen könnte.

a) $576 + 627 = \boxed{}$ _____

b) $78\,412 - 24\,863 = \boxed{}$ _____

c) $105\,637 + \boxed{} = 237\,058$ _____

d) $65\,143 - \boxed{} = 37\,285$ _____

Überschlag 4

3 Wende Rechengesetze an.

a) $43 + 7$ ist nach dem _____ mit $7 + 43$ gleichwertig.

b) Wende Rechengesetze an und rechne vorteilhaft.

$83 + 325 + 144 + 257 + 176 + 475 =$ _____

c) Finde den Fehler und berichtige die Rechnung.

$231 - 28 - 18 + 19 = 231 + 19 - 10 = 240$ _____

_____

Rechenvorteile – Rechengesetze 5

4 Rechne schriftlich.

a) $26\,879 + 78\,125 =$ _____

b) $36\,108 + 5889 + 185 + 48\,904 =$ _____

Schriftliches Addieren 3

5 Rechne schriftlich.

a) 638 921 − 483 672 = _____

b) 25 123 − 1608 − 11 594 − 6725 = _____

Schriftliches Subtrahieren ⌞3⌟

6 Zu einem Preisausschreiben haben 46 128 Personen eine Antwortkarte eingesandt. 27 819 davon haben die richtige Antwort gegeben. Außerdem wurden 344 ungültige Antwortkarten aussortiert. Wie viele Antwortkarten sind mit einer falschen Antwort eingegangen?

_____

_____

Gemischtes Rechnen ⌞2⌟

7 Bei der Jahresversammlung eines Tischtennisvereins wurde der Bericht über die Finanzen vorgelegt. Durch Mitgliedsbeiträge wurden 1575 € eingenommen. Ausgaben entstanden durch die Anschaffung zweier Tischtennisplatten zu je 229 €, durch 720 € Hallenmiete und den Kauf neuer Trikots im Gesamtwert von 475 €. Beim Sommerfest wurden 327,85 € Gewinn gemacht. Der aktuelle Kassenbestand beträgt 2941,05 €. Wie viel Geld war vor einem Jahr in der Kasse?

_____

Gemischtes Rechnen ⌞3⌟

8 Setze die Zahlenreihe um weitere fünf Zahlen fort.

a) 46; 53; 62; 73; … _____

b) 123; 127; 122; 128; 121; … _____

Zahlenreihen ⌞7⌟

Solltest du bei Aufgaben noch weiteren Übungsbedarf haben, dann schau in der Ausgangsdiagnose nach, welches Angebot dir zu dem jeweiligen Thema zur Verfügung steht.

S. 50, 51

Multiplikation und Division

Aufgabe	w	f	Bemerkungen oder richtige Lösungen	Richtig gelöst? ✓
1 $15 \cdot 9 = 138$				
$266 : 7 = 35$				
$126 = 2 \cdot 3 \cdot 3 \cdot 7$				
Der Dividend ist 90, der Divisor ist 5. Dann ist der Wert des Quotienten 19.				
$16 \cdot 6 = 96$; 16 ist der 1. Faktor und 6 der 2. Faktor des Quotienten.				
Grundbegriffe, Kopfrechnen, Zerlegen in Faktoren			**S. 64, Nr. 1, 2, 3, 4, 5; S. 65, Nr. 6, 7, 8**	←
2 $191 \cdot 47 \approx 1000$				
$821 \cdot 63 \approx 48\,000$				
$6413 : 83 \approx 90$				
Überschlag			**S. 65, Nr. 9, 10**	←
3 $\begin{aligned}638 &\cdot 25\\ \hline 1266&\\ 3050&\\ \hline 15710&\end{aligned}$				
$\begin{aligned}541 &\cdot 308\\ \hline 16230&\\ 4328&\\ \hline 166628&\end{aligned}$				
Schriftliches Multiplizieren			**S. 66, Nr. 11, 12, 13; S. 67, Nr. 14, 15, 16, 17, 18; S. 68, Nr. 19**	←
4 $\begin{aligned}8748 &: 6 = 1459\\ -6&\\ \hline 27&\\ -24&\\ \hline 34&\\ -30&\\ \hline 48&\\ -48&\\ \hline 0&\end{aligned}$				
$\begin{aligned}7572 &: 12 = 731\\ -72&\\ \hline 37&\\ -36&\\ \hline 12&\\ -12&\\ \hline 0&\end{aligned}$				
Schriftliches Dividieren			**S. 68, Nr 20, 21; S. 69, Nr. 22, 23**	←

geübt?

geübt?

geübt?

geübt?

Aufgabe	w	f	Bemerkungen oder richtige Lösungen	Richtig gelöst? ✓
5 $\quad 6 \cdot 7 \cdot 50 = 7 \cdot 6 \cdot 50 = 7 \cdot (6 \cdot 50) =$ $7 \cdot 300 = 2100$				
$(432 : 18) : 6 = 432 : (18 : 6) =$ $432 : 3 = 144$				
$(125 - 4) \cdot 5 = 125 \cdot 5 - 4 \cdot 5 =$ $625 - 20 = 605$				
Das Distributivgesetz kann auch bei der Division angewendet werden.				

Rechenvorteile – Rechengesetze $\qquad$ S. 69, Nr. 24, 25 ←

6

Rechenbäume $\qquad$ S. 70, Nr. 26, 27, 28 ←

Aufgabe	w	f	Bemerkungen oder richtige Lösungen	Richtig gelöst? ✓
7 $\quad 560 : (56 - 16 \cdot 3) = 70$				
$(12 \cdot 1680) : 16 = 1260$				
$148 + 2 \cdot 4 = 150 \cdot 4 = 600$				

Gemischtes Rechnen $\qquad$ S. 71, Nr. 29, 30, 31; S. 72, Nr. 32, 33 ←

Aufgabe	w	f	Bemerkungen oder richtige Lösungen	Richtig gelöst? ✓
8 $\quad$ Fortsetzung der Zahlenreihe:				
1; 3; 9; 27; 81; 245; 735;...				
4; 4; 8; 24; 96; 480; 2880;...				

Zahlenreihen $\qquad$ S. 72, Nr. 34 ←

Hast du alles richtig gemacht bzw. hast du entsprechend geübt, solltest du auf jeden Fall auch komplexe Aufgaben lösen, bevor du dich dem nächsten Thema widmest.

S. 73, Nr. 35, 36, 37, 38 ←

geübt?

Multiplikation und Division

Basisaufgaben

1 Verbinde Begriffe in einer logischen Reihenfolge.

| Multiplikation | Division | Divisor | 2. Faktor |

| Wert des Quotienten | Wert des Produktes | 1. Faktor | Dividend |

2 Rechne im Kopf.

a) $4 \cdot 25 =$ _____

b) $8 \cdot 13 =$ _____

c) $15 \cdot 12 =$ _____

d) $308 \cdot 7 =$ _____

e) $68 : 4 =$ _____

f) $92 : 2 =$ _____

g) $72 : 6 =$ _____

h) $144 : 9 =$ _____

3 Bleibt bei der Division ein Rest?

a) $170 : 5$ _____

b) $536 : 4$ _____

c) $391 : 3$ _____

d) $3016 : 6$ _____

e) $19\,374 : 2$ _____

f) $892 : 9$ _____

g) $735 : 8$ _____

h) $357 : 7$ _____

4 Überprüfe die angegebene Regel an drei selbst gewählten Beispielen.

a) Eine Zahl ist durch 2 teilbar, wenn ihre letzte Ziffer 0, 2, 4, 6 oder 8 ist.

b) Eine Zahl ist durch 3 teilbar, wenn ihre Quersumme durch 3 teilbar ist. (Die Quersumme ist die Summe aller ihrer Ziffern.)

c) Eine Zahl ist durch 9 teilbar, wenn ihre Quersumme durch 9 teilbar ist. (Die Quersumme ist die Summe aller ihrer Ziffern.)

d) Eine Zahl ist durch 5 teilbar, wenn ihre letzte Ziffer 0 oder 5 ist.

5 Zerlege die Zahl in Faktoren (1 als Faktor entfällt dabei). Die Faktoren sollen sich jedoch selbst nicht weiter in Faktoren zerlegen lassen (Primzahlen).

a) 300 = _____

b) 648 = _____

c) 870 = _____

d) 273 = _____

e) 664 = _____

f) 2840 = _____

6 Ergänze die Multiplikationstabelle.

·	4		12		25
3		27			
					225
			60		
				112	
	52			208	

7 Schreibe den Text mit mathematischen Zeichen.

a) Berechne das Produkt aus 9 und 18. _____

b) Finde zum Dividenden 147 den passenden Divisor, sodass der Quotient den Wert 21 hat. _____

c) Multipliziere die Differenz aus 389 und 283 mit 5. _____

d) Der 1. Faktor ist doppelt so groß wie der 2. Faktor und der Wert des Produktes ist 72. Gesucht ist der 2. Faktor. _____

e) Der Dividend ist 48. Der Wert der Quotienten beträgt 12. _____

f) Finde zwei Zahlen, deren Wert des Produktes 105 ergibt. _____

8 Wahr oder falsch?

a) $0 : 7$ ist nicht zulässig _____   b) $4 : 0$ ist nicht zulässig _____

c) $4 : 1 = 1$ _____   d) $a \cdot 0 = 0$ gilt für jede Zahl a. _____

Überschlag

9 Überschlage das Ergebnis.

a) $326 \cdot 12 \approx$ _____   b) $587 \cdot 19 \approx$ _____

c) $2526 \cdot 47 \approx$ _____   d) $1683 \cdot 492 \approx$ _____

e) $4846 : 6 \approx$ _____   f) $5629 : 84 \approx$ _____

g) $20961 : 74 \approx$ _____   h) $74389 : 11 \approx$ _____

10 Wurde richtig überschlagen? Verbessere gegebenenfalls.

a) $251 \cdot 17 \approx 5000$ _____   b) $912 \cdot 23 \approx 1800$ _____

c) $2027 \cdot 846 \approx 17\,000\,000$ _____   d) $99\,872 \cdot 3174 \approx 320\,000\,000$ _____

e) $964 : 8 \approx 180$ _____   f) $8375 : 61 \approx 1400$ _____

g) $35\,025 : 52 \approx 700$ _____   h) $89\,304 : 489 \approx 1800$ _____

Multiplikation und Division

11 Multipliziere schriftlich. Aus dem Vergleich der Ergebnisse erhältst du ein Lösungswort.

a) 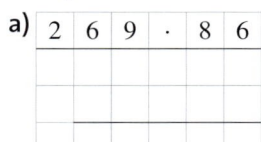 2 6 9 · 8 6

b) 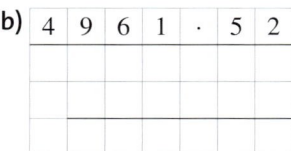 4 9 6 1 · 5 2

c)  5 8 4 · 7 0 3

d) 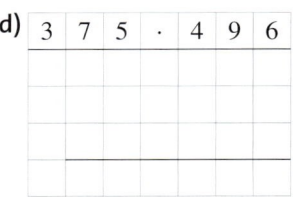 3 7 5 · 4 9 6

e) 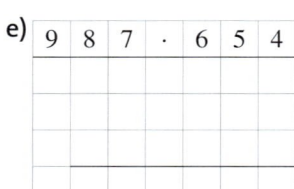 9 8 7 · 6 5 4

f) 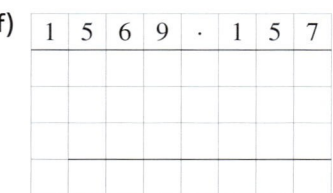 1 5 6 9 · 1 5 7

g) 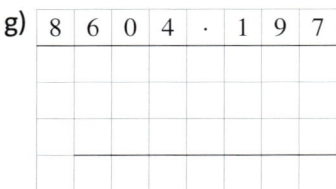 8 6 0 4 · 1 9 7

h) 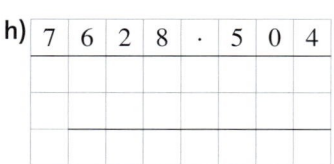 7 6 2 8 · 5 0 4

Ergebnisse 186 000 (N); 3 844 512 (G); 1 894 578 (S); 23 134 (V);
1 694 988 (E); 410 552 (R); 257 972 (O); 246 333 (W);
679 598 (T); 645 498 (E)

Lösungswort: _____

12 Bestimme die fehlenden Zahlen in der Multiplikationspyramide.

a)

b)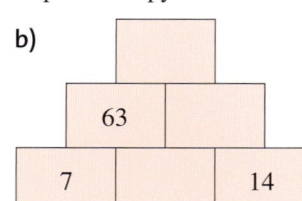

c)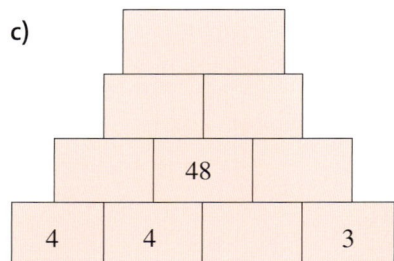

13 Hier wurden Fehler gemacht. Finde und beschreibe sie. Korrigiere auch die Fehler.

a)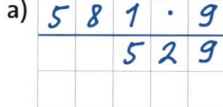

b)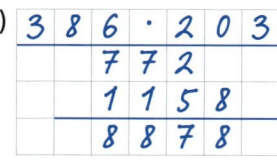

c)

d)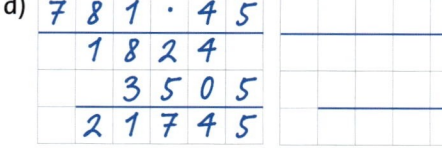

a) _____

b) _____

c) _____

d) _____

14 Setze die richtigen Ziffern ein.

a)

9	5	4	·	3	
		8	6		
	6		7	8	
	5		8		

b)

2	7	·		3
	2	1	6	
			5	1
4		7	1	

c)

2	3		6	·	5		9
	1	9	8		0		
			5	6	4		
	1	1	5	4			

15 Gib einen Überschlag an und berechne dann das genaue Ergebnis.

a) $87 \cdot 7 =$ _____ Ü.: _____

b) $29 \cdot 736 =$ _____ Ü.: _____

c) $864 \cdot 33 =$ _____ Ü.: _____

d) $3271 \cdot 87 =$ _____ Ü.: _____

16 Berechne nacheinander die Ergebnisse. Welches Ergebnis vermutest du für 111 111 · 111 111? Überprüfe. Geht das immer so weiter?

$1 \cdot 1$ = _____ $111\,111 \cdot 111\,111$ = _____

$11 \cdot 11$ = _____   _____

$111 \cdot 111$ = _____   _____

$1111 \cdot 1111$ = _____   _____

17 Produkte aus gleichen Zahlen können als Potenzen geschrieben werden und umgekehrt. Berechne den Wert der Potenz.
Beispiel: $2^4 = 2 \cdot 2 \cdot 2 \cdot 2 = 16$

a) 5^2 _____   b) 3^3 _____

c) 9^3 _____   d) 4^4 _____

e) 2^8 _____   f) 6^5 _____

g) 11^3 _____   h) 15^4 _____

i) 10^5 _____   j) 10^7 _____

18 Für die Klassen 5 a und 5 b mit 29 bzw. 32 Schülerinnen und Schülern werden für den Erdkundeunterricht Atlanten bestellt. Jedes Kind muss 25,95 € zahlen. Wie viel Geld kommt jeweils in Klasse 5 a und 5 b zusammen?

19 Marco liest das folgende Angebot im Supermarkt und wird stutzig. Warum?

_____

_____

_____

Apfelschorle

| 0,2-Liter-Flasche | 45 Ct |
| Kasten à 20 Flaschen | 9,20 € |

Schriftliches Dividieren

20 Dividiere schriftlich.

a)

$$3\ 0\ 4\ 8\ :\ 4\ =$$

b)

$$7\ 7\ 0\ 4\ :\ 9\ =$$

c)

$$3\ 6\ 2\ 1\ :\ 1\ 7\ =$$

d)

$$7\ 0\ 5\ 6\ :\ 1\ 4\ =$$

21 Setze die richtigen Ziffern ein.

a)
```
  5 1 9 1 2 :   = 6   8
 -4 8
    3 9
  -
      7
    -
          2
      -7 2
         0
```

b)
```
  3 6   7 : 1 3 = 2
 -2 6
   1 0
   -9 1
    1 1
  -
       0
```

c)
```
    2 8   : 2   = 3
 -7 2
   2 0
 -   9 2
       6 8
   -
         0
```

d)
```
    5   9 0 : 1   2 = 6
 -6 1 2
     4 5
   -4
         1
    -
         0
```

22 Am Wandertag sind für die 28 Schülerinnen und Schüler der Klasse 6c Fahrt- und Verpflegungskosten in Höhe von 188,72 € angefallen. Wie viel muss jedes Kind zahlen?

23 Eine Erbschaft von 136 488 € wird unter 13 Familienangehörigen verteilt. Dem Sohn wird die Hälfte der Erbschaft zugesprochen. Die andere Hälfte wird zu gleichen Teilen an die anderen Erben verteilt. Welche Beträge kommen zustande?

Rechenvorteile – Rechengesetze

24 Rechne vorteilhaft, indem du Rechengesetze geschickt anwendest.

a) $25 \cdot 7 \cdot 4 =$

b) $2 \cdot 7 \cdot 5 \cdot 9 =$

c) $5 \cdot 4 \cdot 5 \cdot 4 \cdot 5 =$

d) $6 \cdot 15 \cdot 50 =$

e) $8 \cdot 64 \cdot 125 =$

f) $15 \cdot 8 \cdot 4 =$

g) $4 \cdot 9 \cdot 11 \cdot 25 =$

25 Rechne vorteilhaft indem du Rechengesetze geschickt anwendest.

a) $18 \cdot 63 + 37 \cdot 18 =$

b) $108 \cdot 9 + 42 \cdot 9 =$

c) $9 \cdot 28 + 28 =$

d) $11 \cdot 28 - 13 \cdot 11 =$

e) $31 \cdot 60 - 60 =$

f) $16 \cdot 3 + (38 \cdot 16 - 16 \cdot 36) =$

g) $23 \cdot 6 - 6 \cdot 15 - 72 : (9 + 3) =$

Multiplikation und Division

26 Ergänze den Rechenbaum. Schreibe auch die zugehörige Aufgabe auf. Achte darauf, Klammern richtig zu setzen.

a)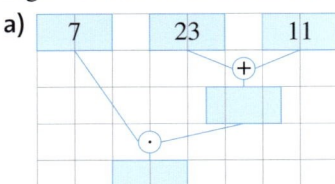

b)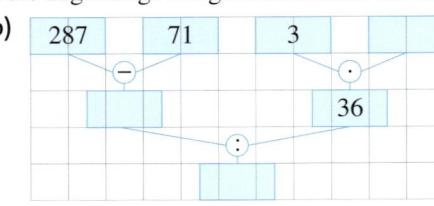

c)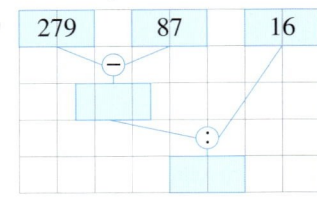

_____ _____ _____

27 Schreibe die zugehörige Rechnung auf. Überprüfe. Bestimme gegebenenfalls das richtige Ergebnis.

a)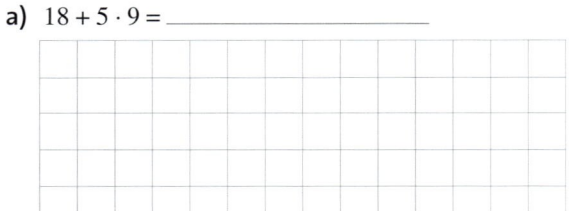

b)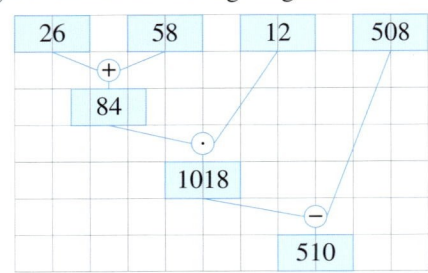

_____ _____

28 Löse die Aufgabe mithilfe eines Rechenbaums.

a) $18 + 5 \cdot 9 =$ _____

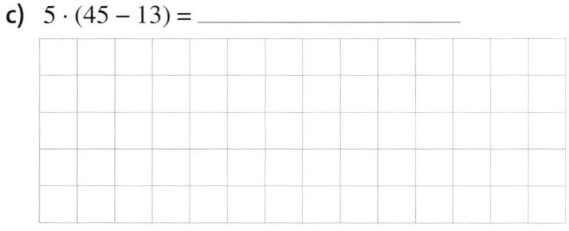

b) $42 : 3 + 15 \cdot 4 =$ _____

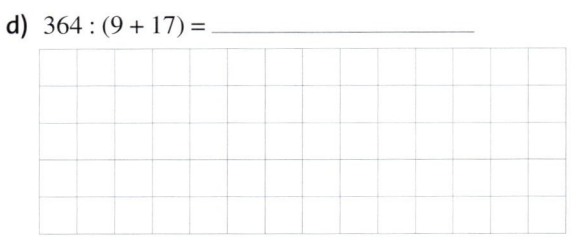

c) $5 \cdot (45 - 13) =$ _____

d) $364 : (9 + 17) =$ _____

e) $12 + 1000 : (100 + 25) =$ _____

f) $(15 + 5) \cdot (38 - 12) - 8 =$ _____

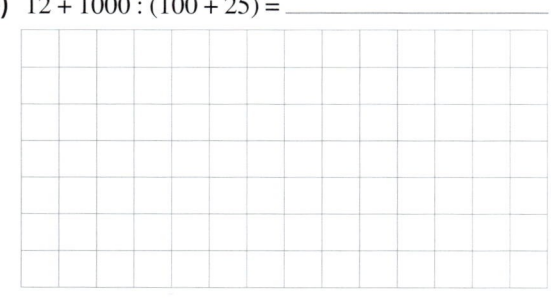

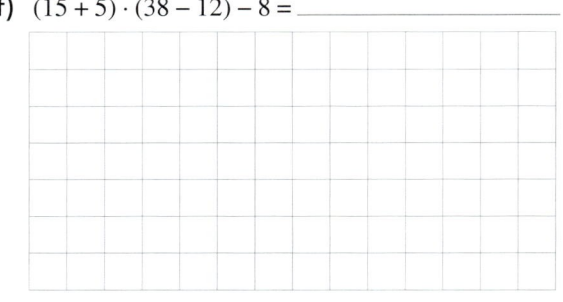

Gemischtes Rechnen

29 Berechne möglichst im Kopf. Versuche auch Rechenvorteile anzuwenden.

a) $10 + 5 \cdot 8 + 16 = $ _____

b) $14 \cdot 2 + 8 - 4 \cdot 9 = $ _____

c) $15 + 25 \cdot 4 - 4 = $ _____

d) $2 \cdot (16 + 25) - 2 \cdot 15 = $ _____

e) $(118 - 38) : 5 + 4 = $ _____

f) $28 + 12 : 4 - 11 = $ _____

g) $(67 + 53) \cdot 4 - 160 = $ _____

h) $87 + 13 \cdot 5 - 65 : 5 = $ _____

30 Berechne. Zusätzliche Nebenrechnungen kannst du unter der Aufgabe durchführen.

a) $112 : 4 + 3 \cdot 16 - 81 : 3 = $ _____

b) $928 : 16 + 15 \cdot 17 = $ _____

c) $(3801 + 5855) : (728 - 694) = $ _____

d) $(1329 + 35 \cdot 18) \cdot 4 = $ _____

e) $731 : 17 + 23 - 13 \cdot 2 = $ _____

f) $(420 - 16) : 4 + 40 \cdot 50 = $ _____

g) $(104 - 48) \cdot 14 + 560 : 40 = $ _____

31 Verbinde diejenigen Aufgaben, die zum gleichen Ergebnis führen.

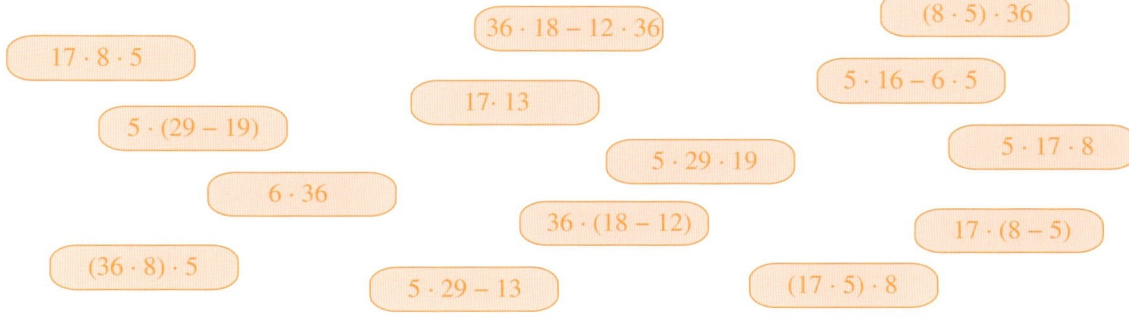

$17 \cdot 8 \cdot 5$ $36 \cdot 18 - 12 \cdot 36$ $(8 \cdot 5) \cdot 36$

$5 \cdot (29 - 19)$ $17 \cdot 13$ $5 \cdot 16 - 6 \cdot 5$

$6 \cdot 36$ $5 \cdot 29 \cdot 19$ $5 \cdot 17 \cdot 8$

$(36 \cdot 8) \cdot 5$ $36 \cdot (18 - 12)$ $17 \cdot (8 - 5)$

$5 \cdot 29 - 13$ $(17 \cdot 5) \cdot 8$

Multiplikation und Division

32 Schreibe den Text mit mathematischen Zeichen und rechne aus. Zusätzliche Nebenrechnungen kannst du unter der Aufgabe durchführen.

a) Multipliziere die Summen aus 36 und 12 sowie 9 und 24 miteinander.

b) Addiere zum Produkt der Zahlen 67 und 352 den Quotienten aus 10 234 und 14.

c) Subtrahiere den Quotienten der Zahlen 1092 und 13 vom Vierfachen der Summe aus 123 und 456.

d) Multipliziere die Differenz aus 7174 und 2683 mit dem Quotienten aus 6086 und 17.

33 Franziska fährt jeden Tag mit ihrem Fahrrad zur 2,5 km entfernten Schule. Außerdem radelt sie ungefähr dreimal im Monat zu ihrer Oma, die im etwa 12 km entfernten Nachbarort wohnt. Auch zum wöchentlichen Klavierunterricht fährt sie die 4,5 km mit dem Fahrrad. Wie viele Kilometer legt sie etwa im Monat zurück, wie viele Kilometer im gesamten Jahr, wenn man die Schulferien nicht berücksichtigt?

Zahlenreihen

34 Setze die Zahlenreihe mindestens um weitere fünf Zahlen folgerichtig fort.

a) 5; 20; 80; 320; …

b) 8; 8; 16; 48; …

c) 59 049; 19 683; 6561; …

d) 26; 13; 52; 26; 104; …

e) 2; 4; 3; 9; 4; 16; …

f) 8; 16; 64; 384; …

Komplexe Aufgaben

35 Der kleine Kilian hat von seiner Oma 5 € bekommen und kauft dafür im Tante-Emma-Laden Süßigkeiten ein. Er verlangt 6 weiße Mäuse, 5 große Gummibären, 8 Kirschgummis, 2 Packungen Kaugummis und 3 Brauseschlecker. Reicht sein Geld?

Packung Kaugummi	–, 75
weiße Mäuse	je –, 15
Brauseschlecker	je –, 38
Kirschgummis	je –, 13
große Gummibären	je –, 08

_____

_____

_____

_____

36 Setze Klammern so, dass das Ergebnis möglichst groß wird.

a) $5 \cdot 6 + 8 + 3 =$ _____

b) $72 : 8 - 6 + 15 =$ _____

c) $9 \cdot 4 \cdot 7 + 6 =$ _____

37 In der Klasse 6c sind 14 Mädchen und 13 Jungen. Der Klassenlehrer sammelt von jedem Kind 3 € für einen Ausflug ins Römermuseum ein. Außerdem sind in der Klassenkasse noch 14 €, die ebenfalls für den Ausflug verwendet werden. Erstelle einen geeigneten Rechenbaum und bestimme damit, wie viel Geld der Klasse zur Verfügung steht.

_____

_____

_____

38 Löse das Kreuzzahlrätsel. Verwende für die Rechnungen ein gesondertes Blatt.

Waagerecht:
① $1312 : 16$
③ $896 \cdot 176$
⑦ $78 \cdot 67$
⑨ $4 \cdot 188$
⑩ $261 \cdot 342$
⑬ $3 \cdot 33\,367$
⑭ $73\,816 : 4$
⑮ $14 \cdot 30$

Senkrecht:
① $17 \cdot 50$
② $26\,856 : 12$
④ $23\,507 \cdot 3$
⑤ $784 : 8$
⑥ $8359 : 13$
⑧ $6 \cdot 4319$
⑨ $45\,624 : 6$
⑪ $896 : 8$
⑫ 9^2

Multiplikation und Division

Kreuze gleich nach der Fertigstellung der Aufgabe an, wie du mit der Lösung der Aufgabe zurechtgekommen bist.
Trage später nach dem Vergleich mit den Lösungen ein, wie viele Aufgaben du richtig gelöst hast.

1 Ergänze.

a) $18 \cdot 9 =$ _____

b) $304 \cdot 8 =$ _____

c) Die _____ 0 ist unzulässig.

d) _____ durch _____ gleich Wert des Quotienten.

Grundbegriffe, Kopfrechnen 5

2 Zerlege die Zahl in Faktoren (1 als Faktor entfällt dabei). Die Faktoren sollen sich jedoch selbst nicht weiter in Faktoren zerlegen lassen (Primzahlen).

a) $150 =$ _____

b) $238 =$ _____

Zerlegen in Faktoren  2

3 Überschlage.

a) $278 \cdot 69 \approx$ _____

b) $5587 : 83 \approx$ _____

c) $6275 : 74 \approx$ _____

Überschlag  3

4 Berechne schriftlich.

a) $579 \cdot 94$

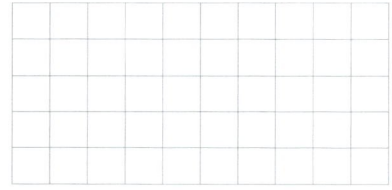

b) $28\,637 \cdot 4509$

Schriftliches Multiplizieren  2

5 Berechne schriftlich.

a) $3626 : 7$

b) $7124 : 13$

Schriftliches Dividieren 2

6 Rechne vorteilhaft.

a) $4 \cdot 8 \cdot 25 \cdot 5 =$ _____

b) $29 \cdot 46 + 54 \cdot 29 =$ _____

c) $17 \cdot 43 - (17 \cdot 16 + 7 \cdot 17) =$ _____

Rechenvorteile – Rechengesetze ⌢⌣ ⌣ ⌣ ⌣   6

7 Bestimme das Ergebnis mithilfe eines Rechenbaums.

$(18 + 32) \cdot (76 - 16) + 100 =$ _____

Rechenbäume ⌢⌣ ⌣ ⌣ ⌣   3

8 Frau Eike arbeitet als Schreibhilfe in einem Büro. Sie erhält pro Stunde 14 € und hat eine Wochenarbeitszeit von 39 h. Darüber hinaus entstehen Überstunden, für die es 16 € pro Stunde gibt. Für die letzten vier Wochen werden 2424 € Lohn angewiesen. Wie viele Überstunden hat Frau Eike gearbeitet?

Gemischtes Rechnen ⌢⌣ ⌣ ⌣ ⌣   4

9 Setze die Zahlenreihe um mindestens drei Zahlen fort.

a) 2; 8; 32 _____

b) 12; 48; 24; 96; 48 _____

Zahlenreihen ⌢⌣ ⌣ ⌣ ⌣   6

Solltest du bei Aufgaben noch weiteren Übungsbedarf haben, dann schau in der Ausgangsdiagnose nach, welches Angebot dir zu dem jeweiligen Thema zur Verfügung steht.

S. 62, 63 ←

Kopfakrobatik mit Quadratzahlen

Beschreibe, was Quadratzahlen sind.

_____

_____

Zu Quadratzahlen lässt sich ein „Quadratparkett" zeichnen.
Erweitere es.
Begründe die Rechnung $4^2 = 3^2 + 2 \cdot 3 + 1$.

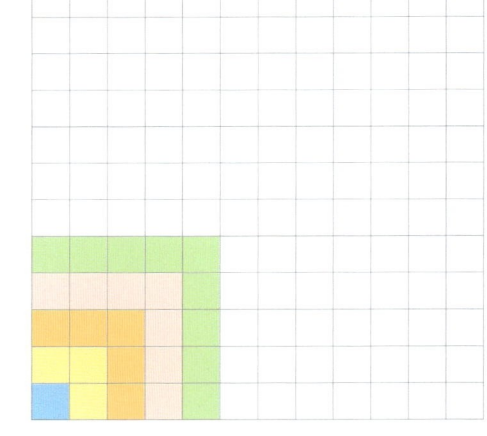

_____

_____

Daraus entsteht ein „Rechentrick": $4^2 = 3 \cdot 5 + 1$.
Formuliere ihn und prüfe an mehreren Beispielen.

_____

_____

Bei größeren Zahlen musst du mit dieser Methode aber auch noch schriftlich
rechnen oder ein „Rechenhilfsmittel" nutzen.

Zum Quadrieren von zweistelligen Zahlen, wie zum Beispiel 46, kannst du als „Rechenmeister" auftreten. Dazu
solltest du ein paar Hintergründe kennen.
Wie können Faktoren günstig gefunden werden, sodass die Quadratzahl einer zweistelligen Zahl schnell (im
Kopf) zu berechnen ist?

einfaches Beispiel: $10^2 = 10 \cdot 10 = 100$
$(10 - 1) \cdot (10 + 1) = 9 \cdot 11 = 99$; $99 + 1 = 100$
$(10 - 2) \cdot (10 + 2) = 8 \cdot 12 = 96$; $96 + 4 = 100$
$(10 - 3) \cdot (10 + 3) = 7 \cdot 13 = 91$; $91 + 3^2 = 100$

Der „Trick" heißt: Bestimme zwei Zahlen so, dass sie um die gleiche Differenz kleiner bzw. größer als die zu quadrierende
Zahl sind. Du solltest auch deren Produkt im Kopf berechnen können. (Finde also ein Zehnervielfaches als einen Faktor.)
Multipliziere die zwei Zahlen. Addiere dann das Quadrat der Zahl, die du als Differenz gewählt hast.
Beispiel: Quadriere 46.
50 ist ein „guter" Faktor (Differenz 4), also $42 \cdot 50 = 2100$; $2100 + 4^2 = 2100 + 16 = 2116$
$46^2 = 2116$

Überprüfe dich, ob du die folgenden Quadratzahlen schnell bestimmen kannst. Kannst du als „Rechenmeister" auftreten?

① 27^2 _____   ② 38^2 _____

③ 43^2 _____   ④ 74^2 _____

⑤ 86^2 _____   ⑥ 92^2 _____

Zum Quadrieren von zweistelligen Zahlen mit der Einerziffer 5 gibt es noch einen „Trick". Finde ihn selbst heraus und
formuliere ihn.

_____

_____

Turbomultiplikation mit 11

Lea kann in wenigen Sekunden Multiplikationsaufgaben zweistelliger Zahlen mit 11 lösen. Fast wie aus der „Pistole geschossen" folgt auf die Rechenaufgabe $63 \cdot 11$ ihre Antwort 693 und auf die Rechnung $78 \cdot 11$ prompt 858.

Der „Trick" ist ebenso schnell aus dem Verfahren der schriftlichen Multiplikation abzuleiten. Erkläre.

$63 \cdot 11 = 693$

$78 \cdot 11 = 858$

6 3+3 6

7 8+8 7

Übertrag 1

_____

_____

_____

Berechne nun ebenso schnell die folgenden Produkte.

① $41 \cdot 11$ _____ ② $54 \cdot 11$ _____ ③ $68 \cdot 11$ _____ ④ $99 \cdot 11$ _____

Rechenmagier

Lass dich ruhig mit dieser Rechenleistung herausfordern. Dein Herausforderer kann eine beliebige dreistellige Zahl wählen, die keine Null enthält, und ansagen. Fordere dazu auf, durch Umstellen der Ziffern fünf weitere Zahlen zu bilden und alle sechs Zahlen zu addieren, was du nicht sehen darfst. Du kannst schließlich durch „Gedankenübertragung" das Ergebnis verraten.

Was musst du für die Gedankenübertragung tun? Du musst nur die Quersumme (Summe aller Ziffern) der Zahl bilden und diese mit 222 multiplizieren.
Beispiel mit der Quersumme 17: $17 \cdot 222 = 3400 + 340 + 34$ (Das geht im Kopf!)
$= 3774$

Dein Herausforderer hat 548 angesagt. Du weißt natürlich längst, dass schließlich 3774 herauskommt, während auf der anderen Seite noch „gearbeitet" werden muss:

Aus 548 können noch 584, 458, 485, 854, und 845 gebildet werden.
Die schriftliche Addition ist auch noch zu bewältigen.

Welche Ergebnisse werden dir „gedankenübertragen", wenn dir die folgenden Zahlen genannt werden und damit jeweils die beschriebenen Umformungen und die Addition vorgenommen werden?

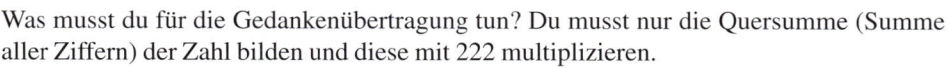

```
  548
+ 584
+ 458
+ 485
+ 854
+ 845
 3774
```

Du siehst, dass in jeder „Stellenaddition" die Ziffern der Zahl jeweils zweimal vorkommen. Deren Addition ist die zweifache Quersumme.
Daher kommt der „Rechentrick":
Quersumme mal 222.

① 198 _____ ② 637 _____ ③ 932 _____ ④ 454 _____

Erbsenzähler

Hier können „Erbsenzähler" zu Wort kommen. (Natürlich können auch andere kleine Gegenstände verwendet werden …)
Jemand zählt eine beliebige Anzahl Erbsen ab und verstaut sie irgendwo, zum Beispiel in der Hosentasche oder einer Schachtel.
Der Rechenmeister fordert nun auf, dass ausgehend von der Anzahl der Erbsen die folgenden Rechnungen vorgenommen werden (möglicherweise auch schriftlich oder zum Beispiel mit einem Taschenrechner):
Bilde das Doppelte der Erbsenanzahl, addiere zum Ergebnis 3, multipliziere dieses Ergebnis mit 5 und subtrahiere davon 6.
Nenne mir das Ergebnis und ich sage dir, wie viele Erbsen du abgezählt hast.

Finde selbst heraus, wie der Rechenmeister diesen „Zaubertrick" schafft.

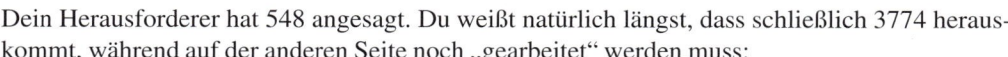

_____

_____

Rechnen mit natürlichen Zahlen

Kreuze gleich nach der Fertigstellung an, wie Du mit der Lösung der Aufgabe zurechtgekommen bist.
Trage nach dem Vergleich mit den Lösungen ein, wie viele Aufgaben Du richtig gelöst hast.

1 Rechne im Kopf und nutze gegebenenfalls Rechenvorteile.

a) $302 - 175 =$ _____

b) $124 + 57 + 276 - 32 =$ _____

c) $19 \cdot 12 + 28 \cdot 19 =$ _____

d) $1648 : 8 =$ _____

e) $510 \cdot 12 =$ _____

f) $4860 : 20 =$ _____

Kopfrechnen

2 Vervollständige das magische Quadrat. Bestimme auch die „magische Zahl".

„magische Zahl": _____

4		5	16
		11	2
	6		3
1		8	

Kopfrechnen

3 Wahr oder falsch?

a) Die Multiplikation mit Null ist nicht zulässig.   wahr ☐   falsch ☐

b) Das Kommutativgesetz ist nur für die Addition und die Multiplikation anwendbar.   wahr ☐   falsch ☐

c) Außerhalb von Klammern gilt stets Punkt- vor Strichrechnung.   wahr ☐   falsch ☐

d) Die Faktoren sind bei der Addition vertauschbar.   wahr ☐   falsch ☐

e) Nach dem Assoziativgesetz der Multiplikation können in Produkten aus mehr als zwei Faktoren Klammern beliebig gesetzt werden.   wahr ☐   falsch ☐

f) Bei der Division wird der Divisor durch den Dividenden geteilt.   wahr ☐   falsch ☐

Grundbegriffe

4 Notiere einen Überschlag, den du möglichst schnell im Kopf rechnen kannst.

a) $1457 + 389$ _____

b) $24\,785 - 17\,207$ _____

c) $241 \cdot 31$ _____

d) $5753 : 11$ _____

e) $246 + 27 \cdot 36$ _____

f) $821 + 748 : 17$ _____

g) $632 \cdot 18 + 17$ _____

h) $374 : 17 - 5$ _____

Überschlag

5 Berechne schriftlich.

a) 49 863 + 55 278 + 1085

b) 89 521 − 34 832

c) 72 086 · 583

d) 11 956 : 14

Schriftlich rechnen

6 Bestimme die fehlenden Zahlen in der Zahlenpyramide.

a) Additionspyramide

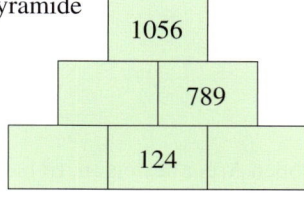

b) Multiplikationspyramide

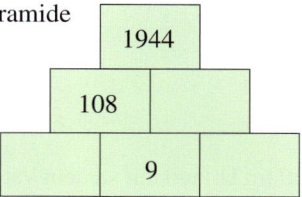

Schriftlich rechnen

7 Welche Rechnung wird durch den Rechenbaum dargestellt? Berechne.

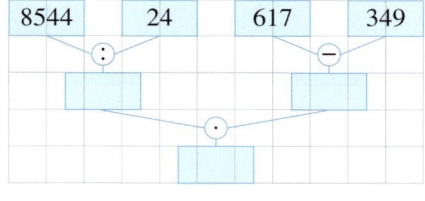

_____

_____

Rechenbäume

8 Setze die Zahlenreihe um mindestens vier weitere Zahlen fort.

a) 8192; 4096; 2048; … _____

b) 152; 158; 170; 194; … _____

c) 3; 6; 18; 72; … _____

Zahlenreihen

9 Peter (11 Jahre) plant mit seinen Eltern und seiner kleinen Schwester Lara (4 Jahre) einen Ferienaufenthalt im Bayerischen Wald.

a) Zunächst suchen sie nach einer Ferienwohnung. Sie haben bereits drei verschiedene Angebote in der Nähe von Zwiesel gefunden. Nun wollen sie wissen, welches der Angebote am günstigsten ist. Sie wollen sechs Übernachtungen buchen.

Ferienwohnung Schönblick

Idyllische Ferienwohnungs-anlage mit wunderbarem Blick über die unberührte Natur des Bayerischen Waldes

Ferienwohnung Typ A für 2 Personen: 25 € pro Nacht (jede weitere Person 1,50 € pro Nacht, Kinder unter 6 J. frei)

Haus Waldesruh

Komfortable Ferienwohnung mit Anbindung an das Wanderwege-netz rund um den Arber

Ferienwohnung für 2–4 Perso-nen: 145 € pro Woche (6 Über-nachtungen)
zuzüglich einmalig 20 € für End-reinigung und Bettwäsche

Huberhof

Geräumige Ferienwohnung, Kinder können auf dem Bauern-hof mithelfen, Streichelzoo vor-handen

Ferienwohnung für maximal 4 Personen: 77,50 € für 3 Über-nachtungen

---

b) Peter will im Urlaub mit seinem Vater von Bayerisch Eisenstein aus den Großen Arber besteigen. Er hat sich bereits einen Wanderführer besorgt und rechnet jetzt nach, wie viele Höhenmeter sie dabei insgesamt aufsteigen müssen.

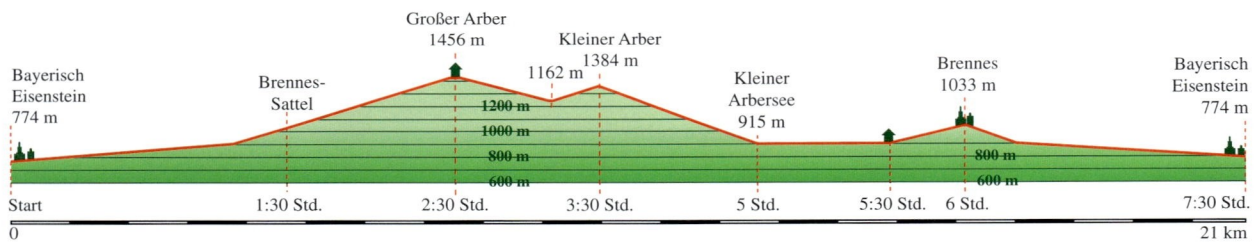

Gemischtes Rechnen

 12

Solltest du bei Aufgaben noch weiteren Übungsbedarf haben, dann schau in den Ausgangsdiagnosen nach, welches Angebot dir zu dem jeweiligen Thema zur Verfügung steht.

S. 42, 43; S. 50, 51; S. 62, 63 ←